群体系统的协调控制理论及其应用

杨 波 著

国家自然科学基金（61203032）、湖北省自然科学基金（2012FFB05007）、国家留学基金委基金（201406955049）资助

科 学 出 版 社

北 京

内 容 简 介

群体系统是由大量相互作用的自主或半自主子系统通过网络互联所构成的复杂系统。移动机器人群、传感器网络甚至社会网络都是群体系统的典型实例。近年来，在世界范围内开展了群体系统理论与应用方面的探索研究，并且取得了一系列重要成果，群体系统的协调控制是当前群体系统研究的核心内容。本书在介绍该学术领域国内外最新研究进展的基础上，系统地阐述了群体系统协调控制及其应用的理论和方法。

本书可作为高等院校控制科学与工程及相关专业高年级本科生、研究生的参考教材，也可供从事群体系统及相关研究工作的科技人员参考。

图书在版编目（CIP）数据

群体系统的协调控制理论及其应用 / 杨波著. —北京：科学出版社，2019.10
ISBN 978-7-03-062349-2

Ⅰ. ①群… Ⅱ. ①杨… Ⅲ. ①协调控制系统—研究 Ⅳ. ①TP273

中国版本图书馆 CIP 数据核字（2019）第 207179 号

责任编辑：闫 陶 / 责任校对：高 嵘
责任印制：徐晓晨 / 封面设计：莫彦峰

科学出版社出版
北京东黄城根北街16号
邮政编码：100717
http://www.sciencep.com

北京凌奇印刷有限责任公司印刷
科学出版社发行 各地新华书店经销

*

2019年10月第 一 版 开本：787×1092 1/16
2021年 4 月第二次印刷 印张：11
字数：219 000

定价：60.00 元

（如有印装质量问题，我社负责调换）

前　言

群体系统（又称多智能体系统）的应用研究起源于20世纪80年代，经过十多年的发展，在20世纪90年代中期被科学界广泛认可。如今，群体系统的协调控制理论已然成为分布式控制和人工智能领域的一个研究前沿。由多智能体组成的群体系统具有一定的智能性，主要体现在感知、规划、推理、学习及决策等方面。群体系统的目标是让若干具备简单智能且便于管理控制的智能体能通过相互协作实现复杂智能，在降低系统建模复杂性的同时，提高系统的鲁棒性、可靠性、灵活性。由于现实环境复杂多变，群体系统协调控制的应用十分广泛：在工业领域中，用群体系统进行大型物体或危险品的搬运；在航天领域中，将卫星、探测器等航天器编队进行空间探测；在军事领域中，将装甲兵视为智能体，构建层次化的兵力群体组织结构，完成协调作战；在恶劣环境中，用智能机器人群体代替人类执行探索未知环境的任务。

如何通过分布式控制的方法使若干智能体进行协调合作完成复杂艰巨的任务，是国内外学者与专家一直探索的方向。近年来，系统与控制领域的国际主流期刊，如*Proceedings of the IEEE*、*SIAM Journal on Control and Optimization*、*IEEE Control Systems Magazine*和*International Journal of Robust and Nonlinear Control*都相继推出了关于群体系统控制的专刊。同时，控制界的重要会议，如IFAC（International Federation of Automatic Control）大会、ACC（American Control Conference）、IEEE-CDC（Conference on Decision and Control）和CCC（Chinese Control Conference）都组织过关于群体系统分析与控制的专题报告会。2018年第37届中国控制会议官网显示，作大会报告的7位专家中有4位与群体系统研究领域密切相关。由此可见，群体系统的协调控制已成为现代系统控制领域中一个极其重要的研究方向。

从系统控制论角度出发，首先要对群体系统协调行为进行数学建模研究。鉴于群体系统中的具有独立自主能力的智能体通过一定的信息传递方式相互作用，本书通过对群体系统进行网络化建模，将系统中的智能体抽象为网络中的节点，智能体之间的通信抽象为连边，大量的节点和连边组成了群体系统的网络构架。此外，对于智能体本身的动力学特性，本书利用相应的动力学方程来刻画。通过分析与设计智能体之间的信息交互方式来研究群体系统的行为特性。本书正是基于上述数学工具，通过对群体系统的建模与仿真，给出从低阶到高阶的若干协调控制理论，同时对存在通信时延的群体系统协调控制理论进行探讨和研究。本书还对群体系统协调控制在现实中的应用问题进行相关研究，这在一定程度上有助于加深读者对群体系统协调控制理论的内在机制和应用的认识和理解，为工程应用领域提供理论基础。

本书系统地阐述群体系统协调控制理论及其相关应用，着力于群体系统协调控制领域的创新研究。

本书的具体章节结构为：第 1 章介绍大规模群体系统的理论研究进展和应用研究进展，以及未来的发展趋势；第 2～第 6 章详细讨论群体系统从低阶到高阶的协调一致性控制理论，以及随机群体系统的稳定性分析理论；第 7 章与第 8 章分别详细给出群体系统协调控制理论在水下航行器群与网络社团结构探测中的应用研究成果。

对于本书存在的疏漏与不妥之处，恳请广大读者不吝指正。

杨 波

2018 年 12 月

武汉理工大学

目　　录

第 1 章　绪　　论

1.1　大规模群体系统简介

自然界存在许多群集现象，如蚁群集聚、鱼群洄游、动物迁徙等。受此启发，研究人员提出了群体系统的概念。近年来，对 Swarm 系统（即大规模群体系统）的研究越来越受到学术界的关注。其重要性不仅在于其作为生物群体或粒子群体随时间演化的数学模型，可以精确或较为精确地解释大多数生物群体的群体协调行为和自组织现象，而且在于 Swarm 系统具有明显的工程应用背景。例如，在军事和工业领域中，广泛存在着多智能体系统的协调控制、无人车的刚性或柔性编队的协调控制、移动传感器网络的自主配置等问题，而这类问题相应的控制策略有着明显区别于传统控制领域的地方。这类复杂系统往往包含很大数量的弱耦合子系统，从每个子系统个体能力的角度来看，个体均具有一定程度的自主能力，但仅具有有限的传感和通信的能力；从任务分配的角度来看，每个子系统处理信息和执行信息的能力都较为有限而不足以单独完成整个复杂任务，因此只有系统内多个子系统之间相互配合、协调运作才有可能完成整个复杂任务；从控制的角度来看，该系统具有大规模分布式协调控制的本质特征，而其分布式控制算法的构造往往通过对生物群体系统的数学建模和分析而获得重要启示。

1.2　理论研究进展

1.2.1　在生物学领域中的研究进展

生物学家很早就观察到生物圈中普遍存在的生物群体的聚集行为和自组织现象[1]。从最为低等的单细胞生物如大肠杆菌[2]，到较为高级的蚂蚁、蜜蜂，再到更为高级的鸟类、鱼类[3]及其他的哺乳动物，直到最为高级的灵长类动物如人类，生物群体都广泛地存在着聚集行为和自组织现象。尽管环境存在噪声、信息处理存在误差，以及缺乏全局的通信系统，生物群体仍然能够协调群内部个体的行为来共同完成个体无法完成的集体任务。生物数学家 Breder[4]在对生物群体聚集行为的数学建模和分析方面做出了开创性的工作。他通过对鱼群聚集行为的观察和分析，提出了一种基于引力/斥力的数学方程来对群体动态行为进行建模和比较分析。通过其模型可知，整个群体对个体的影响随着群内个体数目的增加而显著增强，因此可将这种现象表达为方程 $c = kx^n$。其中，c 为群体对个体影响的度量；x 为群体中的个体数目；k 和 n 为某常数。

水栖生物体仅能感知相对本地的、较小空间的环境，因此 Grunbaum[5]提出水栖生物在大范围区域捕食和迁徙的过程中会遇到的一个关键性问题，是其无法正确选择合理的运动方向。一般来说，当个体感知到本地环境变差时，可以通过引入带漂移项的随机游动来克服由局部感知能力的局限产生的问题，最终到达有利区域。然而，这种方法在环境梯度较弱或者环境中存在某种程度的噪声干扰的情况下效果并不好。Grunbaum 研究出在存在噪声干扰的环境中，群体觅食行为较个体觅食行为能更有效地抑制环境噪声干扰所带来的负面影响，所以群体能较准确地获得环境梯度信息，沿着环境梯度的方向运动，最终到达有利区域。其噪声抑制机理源于群体内部个体间的速度匹配趋势。这种速度匹配趋势不仅使得群内个体的运动方向分布相对集中，同时消除或抑制了个体的环境梯度感知误差对整个群体所产生的影响。Grunbaum 同时说明过强的群体聚集和速度匹配作用将减慢群体对环境梯度变化的响应，因此合理的群体觅食行为是在群体聚集行为和个体觅食行为之间找到的一种平衡。Okubo[6]较为系统地对群体动态行为进行了建模和定量分析，并且从对流扩散过程的角度探讨了群体聚集行为的形成机制和群体大小分布的动态过程。

1.2.2 在计算机仿真学领域中的研究进展

飞速发展的计算机技术使得 Swarm 系统的计算机仿真实验得以实现。Reynolds[7]

在大规模群体系统的计算机仿真方面做出了开创性的工作。Reynolds 通过仿真提出了形成 Swarm 群集行为的三条著名的启发式规则：①群体内所有个体都有向其邻近个体靠近的趋势；②群体内所有个体都有避免与其邻近个体相互碰撞的趋势；③群体内所有个体都有与其邻近个体保持速度一致的趋势。Reynolds 利用群体的上述三条个体行为规则，通过计算机仿真模拟出类似自然界中广泛存在的生物群体的群集现象。Vicsek 等[8]提出了一种基于速度匹配规则的简单的离散时间动态模型，其中，个体被看作粒子，模型中假设每个粒子的运动速率保持不变，而每个粒子的运动方向为该粒子邻域内所有粒子运动方向平均值的随机摄动。Vicsek 等[8]的仿真结果说明了在缺少集中协调机制的情况下，邻近规则同样可能使得在低干扰或高粒子密度条件下运动的所有粒子最终获得一致的速度，因此该结论与生物学家对自然界中生物群体行为的观察结果在原则上是一致的。Jadbabaie 等[9]利用图论理论对 Vicsek 等[8]所观察到的仿真结果给出理论解释，并且对其他一些类似的群体动态模型（即领导跟随模型）的收敛性结论给出证明。

1.2.3 在控制工程领域中的研究进展

大规模群体系统研究的主要内容是群体内部个体间的合作控制（cooperative control）问题和编队控制（formation control）问题。近年来，关于多机器人系统和多自主车系统的工程应用不断涌现，因此大规模群体系统中的合作控制问题和编队控制问题受到了学术界越来越多的关注。Finke 等[10, 11]提出了一种针对无人驾驶自动车群（uninhabited autonomous vehicles）系统进行协调控制的数学模型。Finke 针对该模型，对系统的闭环特性进行了数学分析，并且使用蒙特卡罗仿真对不同的合作控制策略的性能进行了比较，最后提出了在系统设计时所应遵循的折中设计原则。Giulietti 等[12]研究了多自主飞行器系统的编队飞行问题，将研究重点放在群内个体间通信机制的优化上，并给出当群内个体出现故障或完全失灵时群体仍能保持队形的重组策略。Leonard 和 Fiorelli[13]提出了一种使用人工势场和虚拟领导者的方法对大规模无人自主车系统进行分布式协调控制以实现编队队形的理论框架。该方法利用人工势场确定群内相邻个体间的相互作用力，并通过调节参数使得群内个体间能够保持编队距离（即在该队形下群体势能将达到最小或极小）；通过虚拟领导者调整群体队形和引导整个群体运动。Leonard 和 Fiorelli[13]用群体动能和群体人工势能场构造李雅普诺夫函数来证明闭环稳定性，并通过增加一个耗散项来获得编队队形的局部渐近稳定性。Ogren 等[14]和 Bachmayer 与 Leonard[15]均将 Leonard 和 Fiorelli 的工作扩展到移动传感器网络或传感器阵列，在未知的存在噪声的分布式环境中进行编队梯度攀升（gradient climbing）任务的协调控制。与 Leonard 和 Fiorelli 方法类似的大规模群体系统的分布式协调控制方法，是由 Reif 和 Wang[16]提出的社会势能场（social potential fields）方法。该方法运用群内个体间和群体间相互的虚拟逆幂或虚拟弹性作用力（即虚拟吸引力和虚拟排斥力共同作用而产生的虚拟合力）来协调整个群体系统。Tanner 等[17, 18]分别研究了固定互联拓扑和动态互联拓扑的大规模群体系统群集行为的稳定性问题。在固定互联拓扑框架下，Tanner 等使用吸引力/排斥力和速度匹配力之和作为控制策略，以保证群体内个体间避免碰撞、保持群体的聚集性及获得一致速度。在动态互联拓扑框架下，Tanner 等使用同样的吸引力/排斥力和速度匹配力之和作为控制策略，以保证群体内个体间避免碰撞、保持群体的聚集性及获得一致速度，只是群体内个体间的控制互联拓扑是时变的，它依赖基于个体邻域规则的邻近网络的拓扑变化。因此，群体内个体的运动仅取决于其某个邻域（开域或闭域）内的其他个体的状态。尽管该控制策略仅获得系统的局部信息，以及互联拓扑的时变本质特性，但只要群体的邻近网络（或者称为相邻图）保持连通性，群体就能依据此种可扩展的本地控制策略形成群集行为。Liu 和 Passino[19]讨论了大肠杆菌趋化行为的离散时间数学模型（该模型还考虑了大肠杆菌群体的进化和灭绝/转移事件因素），指出群体觅食过程是一种分布式的非梯度优化过程。该优化过程可以通过计算或分析方法得出群体觅食的最优策略，并将 Passino[2]提出的群体觅食算法应用于自适应控制和自主车导航等问题中。Gazi 和 Passino[20, 21]利用其早期工作中群体聚集行为的一些关于稳定性的结果，提出了一种基于滑模控制的大规模群体聚集行为的数学模型[22]。由于考虑了群体内个体的实际物理动态，Gazi 和 Passino 提出的模型可以看作他们早期工作中运动学模型的工程实现。Gazi 和 Passino 指出，该模型经过少量修改便可应用于大规模群体系统的编队控制问题和集体觅食问题，并且该模型对系统的不确定性和干扰具有较强的鲁棒性。

1.2.4 稳定性分析

大量的研究工作涉及大规模群体系统的稳定性（即群体的聚集）分析。Gazi 和 Passino[21]分析了一个在有限维欧几里得空间里的基于个体的连续时间群体系统动态模型，使用李雅普诺夫方法证明了群体内个体将在有限时间内聚集，即该群体具有最终有界性，并且得到了群体大小最终界的一个估计，而该估计仅依赖系统参数。应用 LaSalle 不变原理证明了群体内的所有个体最终将停止运动（这是一种重要的渐近行为）。Gazi 和 Passino[21]在之前工作的基础上扩展了群体模型，提出了可以产生群体聚集行为的一类吸引/排斥函数，并对该类函数的一些具体情况给出群体聚集行为的稳定性分析，指出该动态模型经过扩展后可以解决编队控制问题。Gazi 和 Passino[23]讨论了集体觅食群体的稳定性问题。事实上该模型反映了群体内部个体之间相互聚集的趋势和个体向有利区域觅食（与环境的相互作用）的趋势之间存在的矛盾，而群体系统所产生的集体觅食的涌现行为正是这对矛盾的平衡与折中。Olfati-Saber[24]针对大规模群体系统的无障群集行为和避障群集行为，提出了可以产生上述群体自组织行为的 3 种分布式群集算法。Olfati-Saber[24]提出的算法一借鉴了 Reynolds 提出的形成 Swarm 群集行为的三条著名启发式规则，并将 Reynolds 的三条启发式规则应用于同一个运动方程；算法二和算法三则在算法一的基础上显式地考虑了群集行为的群体目标项和避障项以提高算法的性能。

1.3 应用研究现状

1.3.1 在群体机器人领域中的应用

大规模群体系统的主要工程应用背景在机器人领域。关于群体机器人（swarm robot）

系统的研究内容包括：研究如何使得大规模的功能相对简单的智能体（agent）能够通过本地的交互作用涌现出整体的智能行为。而在自然界中，生物群体通过大量简单个体的相互作用产生复杂智能系统的例子比比皆是，因此可以通过对生物群体行为的细致观察和借鉴来构造和设计智能的工程群体系统，使之可以获得类似于生物群体系统在系统层面的典型特性和功能。如系统对少量个体故障或损毁的鲁棒性、对环境变化的柔性及群体规模上的可扩展性等，而所有这些特性正是设计智能体系统所必需的。

目前，存在的大量研究均涉及群体机器人问题。群体智能和群体机器人技术对于学术界仍是一个全新的多学科交叉领域，因此其中的很多概念和术语的定义相当模糊，同时存在较大争议。所以 Beni[25]根据自己的理解对群体机器人系统中的一些重要概念的定义提出了看法，同时描述了该领域一些概念和术语的形成过程。Sahin[26]提出了用以将群体机器人系统和其他多机器人（multi-robot）系统区别开的关于群体机器人的定义，详细描述了群体机器人系统在系统层面所应具有的重要功能和特征，同时评论了群体机器人系统的一些潜在应用领域。Balch[27]评论了与群体系统研究高度关联的三个重要领域：通信、行为多样性和学习能力。群体内部的通信能力是实现协调合作，从而完成复杂任务的关键因素，然而过多的通信会显著提高系统开销与系统复杂度。因此，如何在尽可能少的通信条件下实现尽可能多的有效通信，从而使得群体系统能完成协调合作的任务，成为群体系统内部通信的核心问题。群内个体的行为多样性和学习能力是群体系统能够熟练完成给定复杂任务及快速适应环境改变的重要因素。

1.3.2 在仿生学领域中的应用

Payton 等[28]使用虚拟信息素的方法和群体内点对点的通信方式来组织群体机器人系统，使该系统成为分布式计算网格。Krieger 等[29]指出具有自组织行为的机器人群体能够实时地与不可预测环境交互，以实现系统的柔性。而实现系统自组织行为的关键因素是群内个体的劳动分工的有效机制。通过设计基于蚁群觅食行为的分布式控制算法，使得机器人群体相对于单个机器人，能够获得更高的觅食效率和维持较高的群体能量。Krieger 等通过实验发现，群体觅食行为对群内个体带来的好处将随着群内个体数目的过多而呈下降的趋势，这一点很可能是由群内个体间的过度竞争和相互干扰造成的。当实验中的食物分布相对集中而非均匀分散时，具有信息传递功能的机器人群体比不具备该功能的机器人群体觅食效率要高得多。该现象说明了这种通过对生物群体（特别是昆虫群体）行为的分析和借鉴来构造和设计工程智能群体系统，使之能够获得类似于生物群体系统在系统层面的典型特性和功能的设计方法是可行的。图 1.1 是一种名为 Khepera 的仿生机器人觅食的过程。Bayazit 等[30]使用一种类似于蚁群优化算法的随机路标方法，使得群体系统具有较好的区域探测能力。该随机路标模式实际上是一种隐式的群内个体间的通信方式，这种隐式通信方式在自然界的昆虫群体中极为常见，它也是低等生物个体间的主要通信方式。Wilson 等[31]提出了如何通过简单算法和最小硬件来实现类似于蚁群孵卵中形成的蚁卵环状排列结构的复杂多目标任务。其实现方法源于一种名为 Leptothorax 的蚂蚁在孵卵期间将成熟度不同的蚁卵分拣到不同的圆环上的自组织行为。

图 1.1 Khepera 仿生机器人觅食的过程[29]

1.3.3 在自主车群体的协调控制和刚性编队领域中的应用

Spears 等[32]提出了一种基于物理规则的分布式控制算法，并将其应用于自主车群体的协调控制和刚性编队问题中。其分布式控制算法是群体内的智能个体间较近距离的相互排斥和较远距离的相互吸引，并且所有个体均依赖局部的本地信息，即所有个体只能感知其邻域内其他个体的相对位置而无法与其邻域外的其他个体相互作用。正如前面所述，基于局部信息的分布式协调控制算法对于大规模群体系统的可扩展性是至关重要的。Mondada[33]的工作中个体通过感知其他个体施于其上的类似于自然物理法则的虚拟力，然后通过该虚拟合力产生相应的加速度。分布式算法可以构建出不同规则几何形状的刚性编队配置，以及边界防御和局势侦察的群体动态行为，同时分布式算法展现出较强的类似生物群体的自组织、容错和自修复特性。Mondada 详细分析了仿真过程中所出现相变现象的产生原因及系统参数对相变现象的影响。

1.3.4 工程实现

群体机器人在工程实现中的最好例子莫过于由欧盟委员会（European Commission）的 IST-FET（Information Society Technologies-Future and Emerging Technologies）赞助开发的 Swarm-Bots 工程[33, 34]和 I-SWARM 工程[35]，以及由美国国家航空航天局(National Aeronautics and Space Administration，NASA)赞助开发的自主纳米技术群(Autonomous Nano Technology Swarm，ANTS）计划[36]。

Mondada 等[33]详细描述了这种称为 Swarm-Bots 的全新的机器人概念、Swarm-Bots 工程的目标、机器人原型及三维仿真软件。Swarm-Bots 是由大规模的 s-bot（一种可以相互连接和断开连接的自主机器人，而机器人个体间的相互连接又可分为刚性连接和柔性连接）所构成的具有自组织和自装配功能的群体机器人系统。s-bot 的可视化概念图如图 1.2 所示。该研究小组通过设计分布式自适应控制器来控制群体机器人系统，使之能够完成某些需要个体间具有较高合作协调能力才能实现的复杂任务。图 1.3 是两个 s-bot 的柔性连接，图 1.4 是若干 s-bot 通过刚性夹具连接成链，从而克服较大障碍物或孔洞。Dorigo 等[34]使用基于人工进化的方法来综合控制器以达到控制 Swarm-Bots 的目的。Mondada 主要考虑了针对 Swarm-Bots 群体系统的聚集和协调运动这两种基本群体动态行为的控制器设计问题，并且说明了人工进化方法可以综合出针对这两种简单群体行为的有效控制器，并且该控制器具有较高的可扩展性和普遍性。

图 1.2 s-bot 的可视化概念图[33]

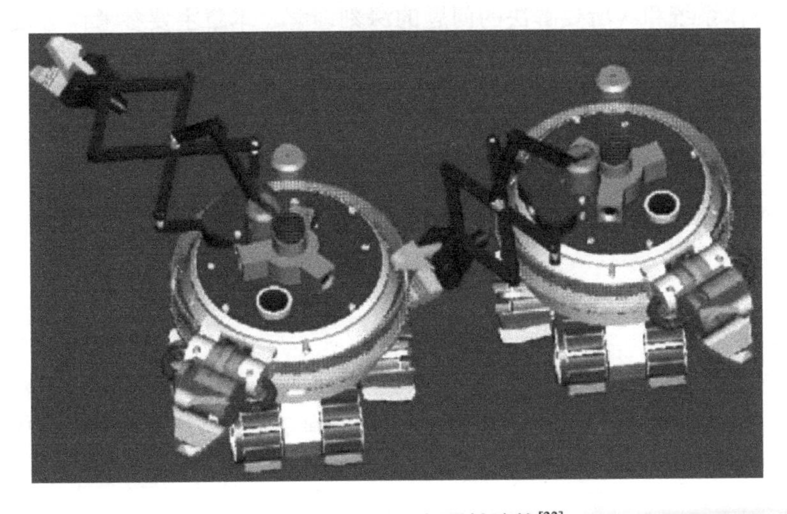

图 1.3 两个 s-bot 的柔性连接[33]

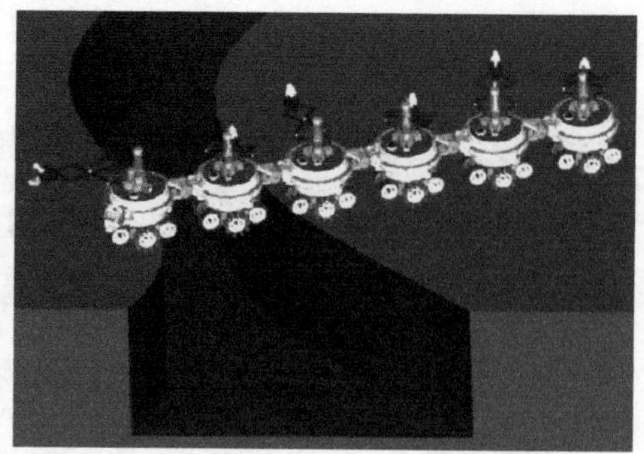

图 1.4 s-bot 使用刚性夹具方式连接[33]

1.4 小 结

本章系统地阐述了大规模群体系统的发展历程、理论研究进展和应用研究进展。来自生物学界、物理学界、控制工程界及机器人工程界等不同领域的专家学者已经对生物群体系统的数学建模、大规模群体系统动态特性和稳定性分析，以及多智能体系统的编队和协调控制等重要问题进行了长期研究，并积累了关于大规模群体系统分析与综合两方面的丰富理论成果和实践经验。大规模群体系统的理论正在深入，应用日趋广泛，但它仅是较低层次生物群体系统的近似模拟，其本身的发展也是不断完善的过程。理论研究需要引入新的数学工具、吸收生物学的最新成果。应用研究依赖对群体系统和其所要解决的问题的深刻理解。本章主要参考作者发表的相关综述论文[37]。

参考文献

[1] CAMAZINE S，FRANKS N R，Sneyd J. Self-Organization in Biological Systems [M]. Princeton：Princeton University Press，2003.

[2] PASSINO K M. Biomimicry of bacterial foraging for distributed optimization and control [J]. IEEE Control Systems Magazine，2002，22（3）：52-67.

[3] EBERHART R C，SHI Y，KENNEDY J F. Swarm intelligence [M]. San Francisco：Morgan Kaufmann，2001.

[4] BREDER C M. Equations descriptive of fish schools and other animal aggregations [J]. Ecology，1954，35（3）：361-370.

[5] GRUNBAUM D. Schooling as a strategy for taxis in a noisy environment [J]. Evolutionary Ecology，1998，12（5）：503-522.

[6] OKUBO A. Dynamical aspects of animal grouping：Swarms，schools，flocks，and herds [J]. Advances in Biophysics，1986，22（22）：1-94.

[7] REYNOLDS C. Flocks，herds and schools：a distributed behavioral model [J]. ACM Siggraph Computer Graphics，1987，21（4）：25-34.

[8] VICSEK T，CZIROK A，BEN-JACOB E. Novel type of phase transition in a system of self-driven particles [J]. Physical Review Letters，1995，75（6）：1226-1229.

[9] JADBABAIE A，JIE L，MORSE A S. Coordination of groups of mobile autonomous agents using nearest neighbor rules[J]. IEEE Transactions on Automatic Control，2003，48（6）：988-1001.

[10] FINKE J，PASSINO K M，GANAPATHY S. Modeling and analysis of cooperative control systems for uninhabited autonomous vehicles[J]. Lecture Notes in Control & Information Sciences，2004，309：427-430.

[11] FINKE J，PASSINO K M，SPARKS A. Cooperative control via task load balancing for networked uninhabited autonomous vehicles [C]//42nd IEEE International Conference on Decision and Control，December. 9-12，2003，Maui，Hawaii，USA. IEEE：31-36.

[12] GIULIETTI F，POLLINI L，INNOCENTI M. Autonomous formation flight [J]. IEEE Control Systems，2000，20（6）：34-44.

[13] LEONARD N E，FIORELLI E. Virtual leaders，artificial potentials and coordinated control of groups [C]//Proceedings of the 40th IEEE Conference on Decision and Control，December 4-7，2001，Orlando，Florida，USA. IEEE：2968-2973.

[14] OGREN P，FIORELLI E，LEONARD N E. Cooperative control of mobile sensor networks：Adaptive gradient climbing in a distributed environment [J] IEEE Transactions on Automatic Control，2004，49（8）：1292-1302.

[15] BACHMAYER R，LEONARD N E. Vehicle networks for gradient descent in a sampled environment [C]//Proceedings of the 41st IEEE Conference on Decision and Control，December 10-13，2002，Las Vegas，Nevada，USA. IEEE：112-117.

[16] REIF J H，WANG H. Social potential fields：A distributed behavioral control for autonomous robots [J]. Robotics and Autonomous Systems，1999，27（3）：171-194.

[17] TANNER H G，JADBABAIE A，PAPPAS G J. Stable flocking of mobile agents，part II：dynamic topology [C]//42nd IEEE International Conference on Decision and Control，December 12，2003，Maui，Hawaii，USA. IEEE：2016-2021.

[18] TANNER H G，JADBABAIE A，PAPPAS G J. Stable flocking of mobile agents，part I：fixed topology [C]//42nd IEEE International Conference on Decision and Control，December 12，2003，Maui，Hawaii，USA. IEEE：2010-2015.

[19] LIU Y，PASSINO K M. Biomimicry of social foraging bacteria for distributed optimization：models，principles，and emergent behaviors [J]. Journal of Optimization Theory and Applications，2002，115（3）：603-628.

[20] GAZI V，PASSINO K M. Stability analysis of swarms [J]. IEEE Transactions on Automatic Control，2003，48（4）：692-697.

[21] GAZI V，PASSINO K M. A class of attraction/repulsion functions for stable swarm aggregations [J]. International Journal of Control，2004，77（18）：2842-2847.

[22] GAZI V. Swarm aggregations using artificial potentials and sliding-mode control [J]. IEEE Transactions on Robotics，2005，21（6）：1208-1214.

[23] GAZI V，PASSINO K M. Stability analysis of social foraging swarms [J]. IEEE Transactions on Systems，Man，and

Cybernetics，Part B（Cybernetics），2004，34（1）：539-557.

[24] OLFATI-SABER R. Flocking for multi-agent dynamic systems：Algorithms and theory [J]. IEEE Transactions on Automatic Control，2006，51（3）：401-420.

[25] BENI G. From Swarm intelligence to swarm robotics [J]. Swarm Robotics，2004，3342（1）：1-9.

[26] SAHIN E. Swarm robotics：from sources of inspiration to domains of application [J]. Swarm Robotics，2005，3342（1）：10-20.

[27] BALCH T. Communication，diversity and learning：cornerstones of swarm behavior [J]. Lecture Notes in Computer Science，2004，3342：21-30.

[28] PAYTON D，ESTKOWSKI R，HOWARD M. Pheromone robotics and the logic of virtual pheromones [J]. Swarm Robotics，2005，3342（1）：45-57.

[29] KRIEGER M J B，BILLETER J-B，Keller L. Ant-like task allocation and recruitment in cooperative robots [J]. Nature，2000，406（6799）：992-995.

[30] BAYAZIT O B，LIEN J M，AMATO N M. Swarming behavior using probabilistic roadmap techniques [J]. Swarm Robotics，2004，3342（1）：112-125.

[31] WILSON M，MELHUISH C，SENDOVA-FRANKS A B. Algorithms for building annular structures with minimalist robots inspired by brood sorting in ant colonies [J]. Autonomous Robots，2004，17（2）：115-136.

[32] SPEARS W M，SPEARS D F，HAMANN J C. Distributed，physics-based control of swarms of vehicles [J]. Autonomous Robots，2004，17（2）：137-162.

[33] MONDADA F，PETTINARO G C，GUIGNARD A. Swarm-bot：a new distributed robotic concept [J]. Autonomous Robots，2004，17（2）：193-221.

[34] DORIGO M，TRIANNI V，SAHIN E. Evolving self-organizing behaviors for a swarm-bot [J]. Autonomous Robots，2004，17（2）：223-245.

[35] SEYFRIED J，SZYMANSKI M，BENDER N. The i-swarm project：intelligent small world autonomous robots for micro-manipulation [M]. Berlin：Springer Berlin Heidelberg，2005.

[36] TRUSZKOWSKI W，HINCHEY M，RASH J. NASA's swarm missions：the challenge of building autonomous software[J]. IT Professional，2004，6（5）：47-52.

[37] 杨波，方华京. 大规模群体系统的现状研究[J]. 武汉理工大学学报（信息与管理工程版），2007，29（1）：1-6.

第 2 章　群体系统一阶协调一致性

2.1 概　　述

从物理学和统计力学到数理生物学和信息科学，动态网络的分布式协调吸引了许多学科的研究者[1-7]，特别是对动态网络中关心的共享信息的研究，极大地方便了分布式协调行为[8-11]。从控制科学的角度来看，一致性问题被定义为有效的协议和机制的分析综合，这些协议和机制能够引导动态智能体收敛到一致，或者从关心的共享信息的角度来看，它又是一种信息交换的约束。因此，一致性问题为协调控制的研究提供了一个有用的统一框架。动态网络的一致性在许多领域都具有广阔的应用前景，如多车系统的协调控制[12-17]、信息控制、通信网络中的群集和簇[18]，以及拥塞控制、传感器网络等。这一研究的基础在于网络的结构特性必然与网络上发生的动力学行为有关。此外，对在复杂网络上展开的动力学模型的研究产生了概念性和实用性的结果。因此，一致性协议的性能预计受到底层网络基础的连接模式的强烈影响：一些网络拓扑结构能使其增强，另一些网络拓扑结构反而会使其减弱。本章主要阐述的是在通过规则网络拓扑（包括完全连接、星形和 2K-规则网络）交换信息时，考虑一阶协调一致性协议的性能。通过图拉普拉斯谱方法，详细讨论通信约束的收敛速度和鲁棒性，介绍大规模群体系统子系统状态的协调一致性算法，其中，包括基于一阶低通通信连接特性的线性一致性算法和基于加权连接的非线性一致性算法，证明在以群体拓扑为连接图的情况下，上述两种算法均以分布的方式使群体内所有个体的状态全局渐近地达到一致。

2.2 规则网络上的一致性问题

2.2.1 动力学和网络结构

考虑用单积分动力学描述 n 个动态智能体的动态行为为

$$\dot{q}_i(t)=u_i(t) \tag{2.1}$$

其中，$i=1,2,\cdots,n$，且 $q_i(t)\in\mathbf{R}$ 和 $u_i(t)\in\mathbf{R}$ 分别表示智能体 i 的信息状态和控制输入。将整个网络的信息状态定义为 $\boldsymbol{q}(t)=[q_1(t),q_2(t),\cdots,q_n(t)]^{\mathrm{T}}$。

智能体之间的信息交换模型可以通过无向网络 $G=(V,E,\boldsymbol{A})$ 自然地建立，其中，$V=\{v_i\}$ 是智能体集合；$E\subseteq V\times V$ 是智能体之间连接的集合；$\boldsymbol{A}$ 是相应的加权邻接矩阵。该邻接矩阵由 $\boldsymbol{A}=[a_{ij}]\in\mathbf{R}^{n\times n}$ 定义，若（v_j，v_i）$\in V$，那么 $a_{ij}=1$，否则 $a_{ij}=0$。矩阵 $\boldsymbol{L}=[l_{ij}]$ 由 $l_{ii}=\sum_j a_{ij}$ 和 $l_{ij}=-a_{ij}$（$i\neq j$）定义。根据代数图理论，$\boldsymbol{L}$ 是半正定的，称为图拉普拉斯矩阵。智能体 i 的邻居集由 $N_i=\{v_j|$（v_j，v_i）$\in E\}$ 定义。网络 G 不含自环，即智能体及其本身的连接。若网络中任意一对不同的智能体之间有一条路径，则网络是连通的。若无特别说明，本书中所用网络模型均与此模型相同。

2.2.2 一阶协调一致性协议

对于一个由单积分智能体组成的网络，其分布式一致性协议为

$$u_i(t)=\sum_{j\in N_i}a_{ij}[\beta(q_j(t)-q_i(t))] \tag{2.2}$$

其中，β 是正常数，表示一致性协议的反馈增益。

本章所讨论的一阶协调一致性问题的定义如下。

定义 2.1 对于单积分系统网络，给定任意 $q_i(0)$，当 $t\to\infty$ 时，有 $|q_i(t)-q_j(t)|\to 0$，则称动态智能体之间达到全局渐近一致。

2.3　一阶协调一致性能分析

注意网络 G 一定是连通图，否则永远不可能达到一致。图 G 的拉普拉斯矩阵 $\boldsymbol{L}$ 有一个简单的 0 特征值，且其他所有的特征值均为正实数。因此，将 $\boldsymbol{L}$ 的特征值写成 $0<\lambda_1<\lambda_2\leqslant\cdots\leqslant\lambda_{n-1}\leqslant\lambda_n$ 的形式。此外，λ_2 称为代数连通度，它能反映图的一些连通特性。

根据一致性协议式（2.2），得到单积分智能体的闭环动力学模型为

$$\dot{q}(t)=\sum_{j\in N_i}a_{ij}[\beta(q_j(t)-q_i(t))] \tag{2.3}$$

与群体动力学为

$$\dot{\boldsymbol{q}}(t)=-\beta\boldsymbol{L}\boldsymbol{q}(t) \tag{2.4}$$

利用拉普拉斯变换可以看出，上述线性动态系统的极点方程为

$$s+\lambda_i\beta=0 \tag{2.5}$$

其中，s 是拉普拉斯变量，且 $s\in\mathbf{C}$。

在此情况下，令 $v_i=\min\{|s|:s+\lambda_i\beta=0,\ s\in\mathbf{C}\}$，由线性系统理论可知 $v:=\min\limits_{i\geqslant 2}\{v_i\}$ 反映了一致性的收敛速度。

2.3.1　规则网络一阶协调一致性的收敛速度

下面给出的定理总结了规则网络一致性协议收敛速度的性能。

定理 2.1　考虑包含 n 个动态智能体的网络，其动力学描述由式（2.1）给出。假设网络是连通的，每个智能体接收来自其邻居的信息，且应用式（2.2）的控制规则，那么以下规则结构的网络会以收敛速度 v 达到一致。

（1）对于完全连通网络，$v=\beta n$；

（2）对于星形网络，$v=\beta$；

（3）对于 2K-规则网络，$v=4\beta\sum_{l=1}^{K}\sin^2\left(\frac{\pi l}{n}\right)$。

证 根据多变量控制理论，所有智能体的信息状态渐近地达到全局一致（即 $|q_i(t)-q_j(t)|\to 0$，$\forall\, i\neq j$），当且仅当由式（2.5）给出的极点（除了孤立零极点）落在开左半平面。

由于底层图拓扑的连通性，上述论述满足，从而达到一致。

此外，因为代数连通度 λ_2 是拉普拉斯矩阵的最小非零特征值，所以

$$v=\beta\lambda_2 \tag{2.6}$$

给定典型规则网络拓扑[19]的拉普拉斯谱，有

（1）对于完全连通网络，有 $\lambda_2=n$，因此 $v=\beta n$。

（2）对于星形网络，有 $\lambda_2=1$，因此 $v=\beta$。

（3）对于 2K-规则网络，所有节点形成一个环，每个节点与其 $2K$ 个最近的邻居节点相连。那么代数连通度由 $\lambda_2=4\sum_{l=1}^{K}\sin^2\left(\frac{\pi l}{n}\right)$ 给出，因此 $v=4\beta\sum_{l=1}^{K}\sin^2\left(\frac{\pi l}{n}\right)$。

定理 2.1 证毕。

2.3.2 规则网络中通信约束的鲁棒性

由于动态智能体的通信能力有限，通信时延实际上是不可避免的。众所周知，未建模的时延效应会降低动态系统的性能，甚至破坏其稳定性。因此，通过频域分析，证明当网络连通时，动态智能体网络可以在合适的通信时延上渐近达到一致。在此基础上，可以从通信时延的严格上界出发，推导出典型规则网络结构的理论结果，从而仍能达到一致。定理 2.2 给出规则网络一致性协议通信时延的鲁棒性。

定理 2.2 考虑包含 n 个动态智能体的网络，其动力学描述由式（2.1）给出。假设网络是连通的，在恒定的通信时延 $\tau>0$ 之后每个智能体接收来自其邻居的信息，且应用式（2.2）的控制规则，那么当且仅当 $\tau\in[0,\tau^*)$ 时，以下规则网络结构会达到一致。

（1）对于完全连通网络，$\tau^* = \dfrac{\pi}{2\beta n}$。

（2）对于星形网络，$\tau^* = \dfrac{\pi}{2\beta n}$。

（3）对于 2K-规则网络，$\tau^* = \pi \Big/ 8\beta \sum_{l=1}^{K} \sin^2\left[\dfrac{\pi l(n-1)}{n}\right]$。

证　对于具有通信时延的网络，有单积分智能体的闭环动力学形式为

$$\dot{q}(t) = \sum_{j \in N_i} a_{ij}[\beta(q_j(t-\tau) - q_i(t-\tau))] \tag{2.7}$$

与群体动力学形式为

$$\dot{\boldsymbol{q}}(t) = -\beta \boldsymbol{L} \boldsymbol{q}(t-\tau) \tag{2.8}$$

根据定理 2.1 中类似的推理思路，上述线性时延动态系统的极点由

$$s + \mathrm{e}^{-\tau s} \lambda_i \beta = 0 \tag{2.9}$$

给出。当 $\tau = 0$ 时，式（2.9）退化为式（2.5），且第 i 个子系统的极点是 $s = \lambda_i \beta$，因此达到一致。当 $\tau > 0$ 时，除非通信时延 τ 小于某个给定的上界，否则所提出的协议不能保证一致性。注意与 λ_1 相关的极点不依赖时延 τ，因此考虑 λ_i（$i \leqslant 2$）的情况就足够。通信时延 τ 的严格上界可以由以下确定。

求出时延 $\tau > 0$ 的最小值，使式（2.9）在虚轴上有根。设式（2.9）中的 $s = \mathrm{j}\omega$，有

$$\mathrm{j}\omega + \mathrm{e}^{-\mathrm{j}\omega\tau} \lambda_i \beta = 0 \tag{2.10}$$

假设 $\omega > 0$，根据式（2.10）有

$$\tau = \frac{2k\pi + \dfrac{\pi}{2}}{\beta \lambda_i} \tag{2.11}$$

其中，$k = 0$，± 1，± 2，…。最小的 $\tau > 0$ 在 $k = 0$ 处出现，因此可由

$$\tau^* = \min_{i \geqslant 2} \left\{ \frac{\pi}{2\beta \lambda_i} \right\} = \frac{\pi}{2\beta \lambda_2} \tag{2.12}$$

给出。

对于 $\omega < 0$ 的情况，可以通过重复一个相似的论证得到同样的结论。详细过程在此不再赘述。

因为对于 $\tau = 0$，式（2.9）除了 $s = 0$，其他的全部根均落在开左半平面，且式（2.9）

的根在时延 τ 上存在连续依赖关系，所以对于所有的 $\tau\in[0,\tau^*)$，式（2.9）中 $i\geqslant 2$ 的根位于开左半平面。因此，第一个子系统（对于 $i=1$）基本稳定，而其他的所有子系统（对于 $i\geqslant 2$）渐近稳定[20]。在给定条件下，除 $s=0$ 外的一致性系统极点均位于开左半平面上，且均处于稳定状态，因此达到一致性。此外，当 $\tau=\tau^*$时，$\boldsymbol{q}(t)$有一个全局渐近稳定振荡解。

现在考虑典型的规则网络拓扑：

（1）对于完全连通网络，有 $\lambda_n=n$，因此$\tau^*=\dfrac{\pi}{2\beta n}$。

（2）对于星形网络，有 $\lambda_n=n$，因此$\tau^*=\dfrac{\pi}{2\beta n}$。

（3）对于 2K-规则网络，λ_n 可由 $4\sum\limits_{l=1}^{K}\sin^2\left[\dfrac{\pi l(n-1)}{n}\right]$给出，因此可以得到 $\tau^*=\pi\Big/8\beta\sum\limits_{l=1}^{K}\sin^2\left[\dfrac{\pi l(n-1)}{n}\right]$。

定理 2.2 证毕。

2.4 大规模群体系统子系统状态的协调一致性

2.4.1 大规模群体系统子系统状态的协调一致性定义

大规模群体系统在不同工程背景下都有着广泛应用，其背后的基本原则是：系统内的各子系统的状态需要达到或接近一致。群体一致性指的是系统内各子系统的状态一致性，定义如下。

定义 2.2[10] 设群体中所有节点的状态 $\boldsymbol{x}=[x_1,x_2,\cdots,x_n]^{\mathrm{T}}\in\mathbf{R}^n$ 是某一自治动态系统 $\dot{\boldsymbol{x}}=f(\boldsymbol{x})$，$\boldsymbol{x}_0=[x_1(0),x_2(0),\cdots,x_n(0)]^{\mathrm{T}}=\boldsymbol{x}(0)$的解。称该系统局部渐近地达到一致，当且仅当 $x_1(t)=x_2(t)=\cdots=x_n(t)$，$t\to\infty$，$\forall\,\boldsymbol{x}_0\in D$，$D\subset\mathbf{R}^n$ 是 $\mathbf{R}^n$ 中的一个开连子集。称该系统全局渐近地达到一致，当且仅当 $x_1(t)=x_2(t)=\cdots=x_n(t)$，$t\to\infty$，$\forall\,\boldsymbol{x}_0\in\mathbf{R}^n$。

2.4.2　基于非理想连接的线性一致性算法的稳定性分析

Ren 等[10]假设大规模群体个体间如果存在通信，则其通信连接是理想的，即描述通信连接特性的传递函数为 1。但在实际应用中，情况并非如此。因此，讨论个体间的通信连接特性为一阶低通滤波器的情况，其连接特性的传递函数为 $1/(1+Ts)$，$T>0$，s 为拉普拉斯变量。当群体内个体间的通信连接特性均为 $1/(1+Ts)$时（其中，$T>0$）应用线性一致性算法，群体系统仍然能够全局渐近地达到一致。

定理 2.3　假设由 n 个个体构成的群体的拓扑是连通图 G，个体均通过特性传递函数为 $1/(1+Ts)$的通信连接接收其邻居个体的状态信息。对于个体 i 的积分动态 $\dot{x}_i=u_i$ 应用线性一致性算法 $u_i(t)=\sum_{j\in N_i}[\hat{x}_j(t)-\hat{x}_i(t)], i=1,2,\cdots,n$，其中，$N_i$是由节点 i 的邻居节点构成的集合，则群体中所有个体全局渐近地达到一致性状态，即 $x_1(t)=x_2(t)=\cdots=x_n(t)$，$t\to\infty$，$\forall \boldsymbol{x}_0=[x_1(0),x_2(0),\cdots,x_n(0)]^{\mathrm{T}}\in\mathbf{R}^n$。

证　由于连通图 G 中所有连接特性传递函数均为 $1/(1+Ts)$，其中，$T>0$，则节点 i 收到节点 j 的状态 $\hat{x}_j(t)$ 的拉普拉斯变换为 $X_j(s)=\dfrac{1}{1+Ts}X_j(s)=\dfrac{1}{1+Ts}\mathrm{L}(X_j(t))$，其中，L（·）为拉普拉斯算子。基于连接特性传递函数 $\dfrac{1}{1+Ts}$ 的线性一致性算法为 $u_i(t)=\sum_{j\in N_i}(\hat{x}_j(t)-\hat{x}_i(t)), i=1,2,\cdots,n$，因此群体系统的闭环动力学为

$$\tau^*=\min_{i\geqslant 2}\left\{\frac{\pi}{2\beta\lambda_i}\right\}=\frac{\pi}{2\beta\lambda_2} \tag{2.13}$$

设 $d=\sum_{i=1}^{n}x_i(t)$，则由对称性可知 $\dot{d}=0$，即 $d(t)=\sum_{i=1}^{n}x_i(0),\ t\geqslant 0$，因此 d 为系统的一个不变量。对式（2.13）作拉普拉斯变换有

$$sX_i(s)-x_i(0)=\sum_{j\in N_i}\frac{1}{1+Ts}\{X_j(s)-X_i(s)\},\quad i=1,2,\cdots,n \tag{2.14}$$

令 $\boldsymbol{X}(s)=(X_1(s),X_2(s),\cdots,X_n(s))^{\mathrm{T}}$，则有 $s\boldsymbol{X}(s)-\boldsymbol{x}(0)=-\dfrac{1}{1+Ts}\boldsymbol{Q}\boldsymbol{X}(s)$，其中，$\boldsymbol{Q}$ 为连通图 G 的拉普拉斯矩阵，因此有$\left(s\boldsymbol{I}+\dfrac{1}{1+Ts}\boldsymbol{Q}\right)\boldsymbol{X}(s)=\boldsymbol{x}(0)$，其中，$\boldsymbol{I}$ 为单位矩阵。

若$\left(s\boldsymbol{I}+\frac{1}{1+Ts}\boldsymbol{Q}\right)$可逆，则有$\boldsymbol{X}(s)=\left(s\boldsymbol{I}+\frac{1}{1+Ts}\boldsymbol{Q}\right)^{-1}=\boldsymbol{x}(0)$。

由多变量控制理论可知，若$\left(s\boldsymbol{I}+\frac{1}{1+Ts}\boldsymbol{Q}\right)$只有一个0简单根（simple root），其余根均在s开左半平面时，群体状态一致性是全局渐近收敛的。下面给出证明。

设λ_i是拉普拉斯矩阵的第i个特征值，由于G连通可知$0=\lambda_1<\lambda_2\leqslant\cdots\leqslant\lambda_n$，$\lambda_n=\max\lambda(\boldsymbol{Q})$[21]。设$\boldsymbol{q}_i$是对应于$\lambda_i$的特征向量。令$\boldsymbol{P}(s)=s\boldsymbol{I}+\frac{1}{1+Ts}\boldsymbol{Q}$，则有$\boldsymbol{P}(0)\boldsymbol{q}_1=\boldsymbol{Q}\boldsymbol{q}_1=0\cdot\boldsymbol{q}_1=\boldsymbol{0}$，且$\boldsymbol{q}=\boldsymbol{1}$，其中，$\boldsymbol{1}=(1,1,\cdots,1)^{\mathrm{T}}$。因此，$s=0$在方向$\boldsymbol{q}_1$上是$\boldsymbol{P}(s)$的一个零点。若$\boldsymbol{q}$是$\boldsymbol{Q}$的一个特征向量，则有$\boldsymbol{Q}\boldsymbol{q}=\lambda\boldsymbol{q}$，$\boldsymbol{q}\neq\boldsymbol{0}$。

因为$\boldsymbol{P}(s)\boldsymbol{q}=\left(s\boldsymbol{I}+\frac{1}{1+Ts}\boldsymbol{Q}\right)\boldsymbol{q}=s\boldsymbol{q}+\frac{1}{1+Ts}\lambda\boldsymbol{q}=\left(s+\frac{\lambda}{1+Ts}\right)\boldsymbol{q}=0$，$\boldsymbol{q}\neq\boldsymbol{0}$，因此有$s+\frac{\lambda}{1+Ts}=0$或者

$$Ts^2+s+\lambda_k=0,\quad k=2,3,\cdots,n \tag{2.15}$$

所以，$s=(-1\pm\sqrt{1-4T\lambda_k})/(2T)$。显然，$s\neq \mathrm{j}w$，$w\neq0$。对$1-4T\lambda_k$的正负性分情况讨论可知，只要$T>0$，就能保证$Ts^2+s+\lambda_k=0$，$k=2,3,\cdots,n$的根均在开左半平面。因此，当$t\to\infty$时，$\boldsymbol{x}\to d\boldsymbol{1}=\sum_{i=1}^{n}x_i(0)\boldsymbol{1}$，群体中所有个体状态全局渐近地达到一致。

定理2.3证毕。

一般地，若通信特性传递函数为$D(s)/M(s)$时，其中，$D(s)$、$M(s)$分别为s的多项式，且$\deg(M)\geqslant\deg(D)$，则群体中所有个体状态全局渐近地达到一致，当且仅当$sM(s)+D(s)\lambda_k=0$，$k=2,3,\cdots,n$的根均在开左半平面。

2.4.3 基于加权连接的非线性一致性算法的稳定性分析

Olfati-Saber等[8]考虑了一种基于无加权连接的非线性一致性算法，定理2.4将其结果推广到加权连接的情形。

定理2.4 设$G=(V,E,\Phi)$是一个交互图，(V,E)是连通的，$\phi_{ij}\in\Phi$为个体i到个体j的交互函数，且有$\phi_{ij}=\phi_{ji}$: $\mathbf{R}\to\mathbf{R}$。ϕ满足4个条件：①$\phi(x)$是连续和利普希茨的；

②$\phi(x)=0 \Leftrightarrow x=0$；③$\phi(x)$是奇函数；④$x\phi(x)>0$，$\forall x\neq 0$。对个体 i 的积分动态 $\dot{x}_i=u_i$ 应用一致性算法 $u_i=\sum\limits_{j\in N_i} a_{ij}\phi_{ij}(x_j-x_i)$，$i=1,2,\cdots,n$，其中，$a_{ij}=a_{ji}>0$ 为连续的加权系数，则群体中所有个体全局渐近地达到一致状态，即 $x_1(t)=x_2(t)=\cdots=x_n(t)$，$t\to\infty$，$\forall \boldsymbol{x}_0=[x_1(0),x_2(0),\cdots,x_n(0)]^{\mathrm{T}}\in\mathbf{R}^n$。

证　基于加权连接的非线性一致性算法为 $u_i=\sum\limits_{j\in N_i} a_{ij}\phi_{ij}(x_j-x_i)$，$i=1,2,\cdots,n$，因此群体系统的闭环动力学为

$$\dot{x}_i=\sum_{j\in N_i} a_{ij}\phi_{ij}(x_j-x_i),\quad i=1,2,\cdots,n \tag{2.16}$$

设 $d=\sum\limits_{i=1}^{n}x_i(t)$，则由对称性和$\phi$函数为奇函数可知，$\dot{d}=0$，即 $d(t)=\sum\limits_{i=1}^{n}x_i(0)$，$t\geqslant 0$，因此 d 为系统的一个不变量。设 $\boldsymbol{x}=d\mathbf{1}+\delta$，$\delta$ 为偏差向量。明显地，$\sum\limits_{i=1}^{n}\delta_i=0$，且 $\dot{\delta}_i=\dot{x}_i=\sum\limits_{j\in N_i} a_{ij}\phi_{ij}(\delta_j-\delta_i)$，$i=1,2,\cdots,n$。定义群体偏差函数 $V(\delta)=\delta^{\mathrm{T}}\delta=\|\delta\|^2$，其中，$\|\cdot\|$为欧几里得范数。

$$\begin{aligned}\dot{V}(\delta)&=2\delta^{\mathrm{T}}\cdot\dot{\delta}=2[\delta_1,\delta_2,\cdots,\delta_n]\begin{bmatrix}\sum\limits_{j\in N_1}a_{1j}\phi_{1j}(\delta_j-\delta_1)\\ \sum\limits_{j\in N_2}a_{2j}\phi_{2j}(\delta_j-\delta_2)\\ \vdots\\ \sum\limits_{j\in N_n}a_{nj}\phi_{nj}(\delta_j-\delta_n)\end{bmatrix}=2\sum_{i=1}^{n}\delta_i\sum_{j\in N_i}a_{ij}\phi_{ij}(\delta_j-\delta_i)\\
&=2\sum_{i=1}^{n}\sum_{j\in N_i}\delta_i a_{ij}\phi_{ij}(\delta_j-\delta_i)=\sum_{(i,j)\in E}[\delta_i a_{ij}\phi_{ij}(\delta_j-\delta_i)+\delta_j a_{ji}\phi_{ji}(\delta_i-\delta_j)]\\
&=\sum_{(i,j)\in E}[\delta_i a_{ij}\phi_{ij}(\delta_j-\delta_i)+\delta_j a_{ij}\phi_{ij}(\delta_i-\delta_j)]=\sum_{(i,j)\in E}a_{ij}(\delta_i-\delta_j)\phi_{ij}(\delta_j-\delta_i)\\
&=-\sum_{(i,j)\in E}a_{ij}(\delta_j-\delta_i)\phi_{ij}(\delta_j-\delta_i)\leqslant 0\end{aligned} \tag{2.17}$$

因为连接的加权系数 $a_{ij}>0$，所以 $\dot{V}=0$，当且仅当$\forall(i,j)\in E$，$\delta_i=\delta_j$。图是连通的，这意味着$\forall i$，$j\in V$，$\delta_i=\delta_j$。$\sum\limits_{i=1}^{n}\delta_i=0$，因此有 $\delta_i=0$，$i=1,2,\cdots,n$。若图中有一条边 $e_{ij}=(i,j)$的 δ_i 和 δ_j 不一致，则必有 $\dot{V}<0$，即 $\delta\neq 0\Rightarrow \dot{V}<0$。而 $V=\delta^{\mathrm{T}}\delta=\|\delta\|^2V$

是径向无界的，因此 $\delta=0$，全局渐近稳定，即当 $t\to\infty$时，$\delta(t)\to 0$，也就是 $\boldsymbol{x}=d\mathbf{1}+\delta\to d\mathbf{1}=\sum_{i=1}^{n}x_i(0)\mathbf{1}$，因此群体系统中所有个体状态全局渐近地达到一致。

定理 2.4 证毕。

由上面的结果可知，当连接图内个体间的连接强度不一致，或者说个体间的连接是基于加权连接时，群体系统的协调一致性仍然能够保证，但系统收敛的速度随着加权系数的改变而改变。

2.4.4 仿真结果

根据给出的基于非理想连接的线性一致性算法的分析结果，数值仿真了一个由三个个体构成的群体系统。三个个体组成了一个连通图，而一阶低通环节 $1/(1+Ts)$ 中的 $T=0.083$。个体均通过特性传递函数为 $1/(1+Ts)$的通信连接接收其邻居个体的状态信息。该群体系统内个体的状态轨迹如图 2.1 所示。由图 2.1 可知，尽管三个个体的初始状态不一致，但群体内所有个体渐近地达到了一致状态。图 2.2 给出应用基于加权连接的非线性一致性算法的群体系统中所有个体的状态轨迹。该群体由 4 个个体组成，其拓扑结构是一个连通图，且个体 1 与个体 2 之间连接的加权系数为 2，个体 2 与个体 3 之间连接的加权系数为 3，个体 2 与个体 4 之间连接的加权系数为 5。由图 2.2 可知，群体内所有个体渐近地达到一致状态。

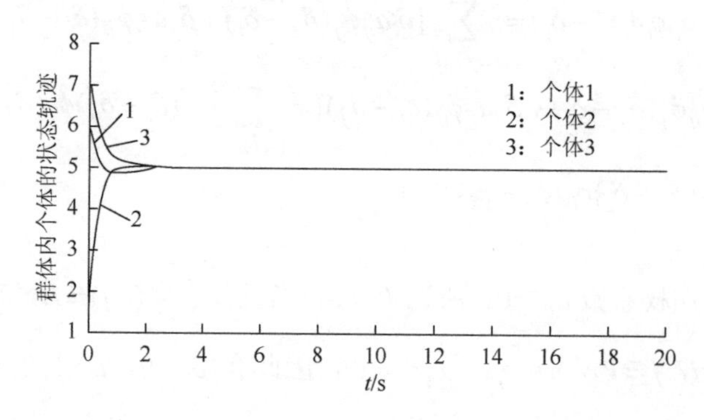

图 2.1 基于一阶低通通信连接特性的线性一致性算法的群体系统内个体的状态轨迹[22]

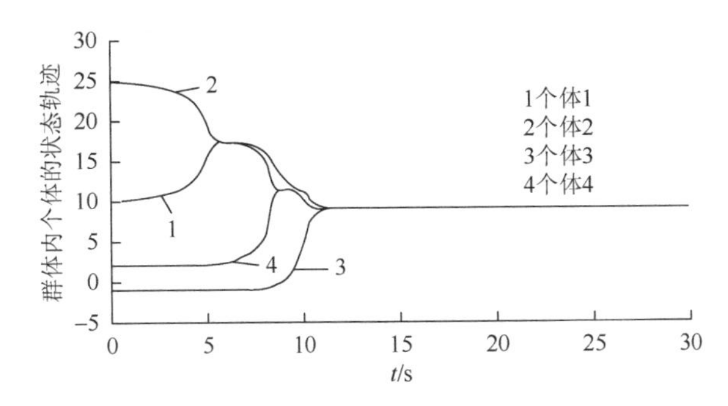

图 2.2　基于加权连接的非线性一致性算法的群体系统内所有个体的状态轨迹[22]

2.5 小　结

本章分析了具有规则结构网络的一阶协调一致性能。在本章的框架中，一阶协调一致性的性能表现为收敛速度和最大可容许的通信时延，一致性系统的可调参数是网络拓扑的拉普拉斯谱和协议的反馈增益。利用代数图理论和控制理论中的一些工具，发现了可调系统参数与一阶协调一致性能之间的直接明确的联系。详细讨论了基于一阶低通环节连接特性的线性一致性算法和基于加权连接的非线性一致性算法的稳定性问题，证明了在群体拓扑为连通图的情况下，上述两种算法均可以使群体内的所有个体的状态全局渐近地达到一致。本章的主要结果详见作者发表的相关论文[22, 23]。

参考文献

[1] OKUBO A. Dynamical aspects of animal grouping：Swarms，schools，flocks，and herds [J]. Advances in Biophysics，1986，22（22）：1-94.

[2] VICSEK T，CZIROK A，BEN-JACOB E. Novel type of phase transition in a system of self-driven particles [J]. Physical Review Letters，1995，75（6）：1226-1229.

[3] JADBABAIE A，JIE L，MORSE A S. Coordination of groups of mobile autonomous agents using nearest neighbor rules [J]. IEEE Transactions on Automatic Control，2003，48（6）：988-1001.

[4] GAZI V，PASSINO K M. Stability analysis of swarms [J]. IEEE Transactions on Automatic Control，2003，48（4）：692-697.

[5] OLFATI-SABER R. Flocking for multi-agent dynamic systems：Algorithms and theory [J]. IEEE Transactions on Automatic Control，2006，51（3）：401-420.

[6] CUCKER F，SMALE S. Emergent behavior in flocks [J]. IEEE Transactions on Automatic Control，2007，52（5）：

852-862.

[7] TANNER H G，JADBABAIE A，PAPPAS G J. Flocking in fixed and switching networks [J]. IEEE Transactions on Automatic Control，2007，52（5）：863-868.

[8] OLFATI-SABER R，FAX J A，MURRAY R M. Consensus and cooperation in networked multi-agent systems [J]. Proceedings of the IEEE，2007，95（1）：215-233.

[9] OLFATI-SABER R，MURRAY R M. Consensus problems in networks of agents with switching topology and time-delays [J]. IEEE Transactions on Automatic Control，2004，49（9）：1520-1533.

[10] REN W，BEARD R W，ATKINS E M. Information consensus in multivehicle cooperative control [J]. IEEE Control Systems Magazine，2007，27（2）：71-82.

[11] YANG B，FANG H. Forced consensus in networks of double integrator systems with delayed input [J]. Automatica，2010，46（3）：629-632.

[12] SPEARS W M，SPEARS D F，HAMANN J C. Distributed，physics-based control of swarms of vehicles [J]. Autonomous Robots，2004，17（2）：137-162.

[13] MONDADA F，PETTINARO G C，GUIGNARD A. Swarm-bot：a new distributed robotic concept [J]. Autonomous Robots，2004，17（2）：193-221.

[14] TRUSZKOWSKI W，HINCHEY M，RASH J. NASA's swarm missions：the challenge of building autonomous software [J]. IT Professional，2004，6（5）：47-52.

[15] BEARD R W，MCLAIN T W，NELSON D B. Decentralized cooperative aerial surveillance using fixed-wing miniature UAVs [J]. Proceedings of the IEEE，2006，94（7）：1306-1324.

[16] MURRAY R M. Recent research in cooperative control of multivehicle systems [J]. Journal of Dynamic Systems，Measurement，and Control，2007，129（5）：571-583.

[17] MONDADA F，GAMBARDELLA L M，FLOREANO D. The cooperation of swarm-bots：physical interactions in collective robotics [J]. IEEE Robotics & Automation Magazine，2005，12（2）：21-28.

[18] YANG B，FANG H. Stability analysis of stochastic swarm systems [J]. Wuhan University Journal of Natural Sciences，2007，12（3）：506-510.

[19] FIEDLER M. Algebraic connectivity of graphs [J]. Czechoslovak Mathematical Journal，1976，23（98）：298-305.

[20] HALE J K. Theory of functional differential equations [M]. Beijing：World Scientific，2003.

[21] GODSIL C D，ROYLE G. Algebraic graph theory [M]. New York：Springer-Verlag，2004.

[22] 杨波，方华京. 大规模群体系统的子系统状态一致协调算法[J]. 武汉理工大学学报，2007，29（12）：127-129.

[23] YANG B，ZHAO F. Performance analysis of distributed consensus on regular networks [J]. Systems Engineering Procedia，2012，3：312-318.

第 3 章　群体系统二阶协调一致性

3.1　概　　述

Olfati-Saber 和 Murray[1]根据网络拓扑的性质，利用代数图理论，在各种假设下解决了积分网络的平均一致问题。Ren 和 Beard[2]分别给出有向图在固定或切换信息交换拓扑条件下达成一致的必要条件和/或充分条件。Olfati-Saber 和 Murray[3]的工作考虑了具有通信时延的网络和具有滤波效果的信道的情况，并对具有积分动力学的智能体网络中可以容许的固定时延找到了一个非保守上界。

需要注意的是，现存的许多文献都集中在使用一阶动力学形式的一致性算法上。然而，大量实际的动态智能体，如水下自主航行器展现出二阶动力学[4-6]特性，很少有将一致性协议扩展到二阶的工作。Ren 和 Atkins[7]确实考虑了二阶协调一致性作为双积分系统网络的协议，这样整个动态网络的信息状态收敛到一个一致的值，而它们的时间导数收敛到另一个一致的值，但是没有解决群体系统中动态智能体的延迟动力学和智能体之间的通信时延问题。

本章首先考虑具有延迟二阶动力学的无向动态智能体网络的二阶协调一致性问题，其次考虑当通信受到时延影响时，具有双积分动力学的无向加权动态智能体网络的二阶协调一致性问题，介绍一种频域方法来处理这两个问题。通过频域分析，将证明当网络连通时，动态智能体网络在适当的时延条件下，可以渐近地达到二阶一致。在网络中智能体之间存在固定通信时延的严格上界上给出的理论结果，使得系统最终仍能达到二阶一致。

3.2 具有延迟动力学的群体系统二阶协调一致性

3.2.1 具有延迟动力学的二阶协调一致性协议

考虑 n 个动态智能体，其动态描述由下式给出，即

$$\begin{cases}\dot{p}_i = q_i(t-\tau)\\ \dot{q}_i = u_i\end{cases}, \quad i=1,2,\cdots,n \tag{3.1}$$

其中，$p_i\in\mathbf{R}$ 和 $q_i\in\mathbf{R}$ 表示智能体 i 的信息状态；且 $u_i\in\mathbf{R}$ 表示其控制输入。整个动态网络的信息状态定义为$\begin{bmatrix}\boldsymbol{p}(t)\\ \boldsymbol{q}(t)\end{bmatrix}$，其中，$\boldsymbol{p}(t)=[p_1(t), p_2(t), \cdots, p_n(t)]^{\mathrm{T}}$ 和 $\boldsymbol{q}(t)=[q_1(t), q_2(t), \cdots, q_n(t)]^{\mathrm{T}}$。整个网络定义为 $G_{\boldsymbol{p},\boldsymbol{q}}=(G,\boldsymbol{p},\boldsymbol{q})$，具有信息$\begin{bmatrix}\boldsymbol{p}\\ \boldsymbol{q}\end{bmatrix}$和拓扑 G。注意这里假设 p_i 的时间导数等于 $q_i(t-\tau)$（即 q_i 的时延表示）。时延 τ 将大大影响一致性的稳定，这是本小节将要讨论的关键问题。下面给出二阶协调一致性协议，即

$$u_i(t)=\sum_{j\in N_i} a_{ij}\{\beta_0[p_j(t)-p_i(t)]+\beta_1[q_j(t)-q_i(t)]\} \tag{3.2}$$

其中，β_0 和 β_1 是正常数，表示反馈增益；$\boldsymbol{A}=[a_{ij}]$是网络拓扑的加权邻接矩阵。给出分布式二阶协调一致性协议是为了保证 $p_i\to p_j$ 和 $q_i\to q_j$，$\forall\, i\neq j$ 在 $t\to\infty$的条件下，网络中所有智能体的信息状态 p_i 和 q_i 分别渐近达到一致。为了证明所给出的二阶协调一致性协议的稳定性，需要以下引理，它在证明本小节主要理论结果时起着重要的作用。

引理 3.1 考虑 n 个由式（3.1）给出动态描述的动态智能体，其中，$\tau=0$。二阶协调一致性协议 $u_i(t)=\sum_{j\in N_i} a_{ij}[\beta_0(p_j-p_i)+\beta_1(q_j-q_i)]$ 保证渐近一致，当且仅当网络的固定无向拓扑连通。其中，β_0 和 β_1 是任意正常数。

3.2.2 最大动力学时延

本小节主要考虑具有固定拓扑的网络中存在延迟动力学的二阶协调一致性问

题。通过引入频域方法，证明在网络拓扑连通的情况下，应用所给出的二阶协调一致性协议，闭环系统在智能体动力学中存在适当的时延时渐近达到二阶一致。最后找到动态网络所能容许的最大动力学延迟的非保守上界。

定理 3.1　考虑一个由式（3.1）给出动态描述的 n 个动态智能体网络，每个智能体由式（3.2）控制。矩阵 $\boldsymbol{L}$ 是网络拓扑的拉普拉斯矩阵。假设固定的无向拓扑是连通的，当且仅当满足以下条件时，网络中所有智能体的信息状态 p_i 和 q_i 分别在全局上渐近地达到一致：

$$y_i^{(m)}, \tau < \tau^* \quad \tau^* = \min_{k>1}\left\{\arctan\left(-\frac{\beta_1}{\eta_k}\mu_k\right)\Big/\eta_k\right\}$$

其中，μ_k 是矩阵$-\boldsymbol{L}$ 的第 k 个特征值，

$$\eta_k = \sqrt{\left(-\mu_k^2\beta_1^2 + \sqrt{\mu_k^4\beta_1^4 + 4\mu_k^2\beta_0^2}\right)\Big/2} > 0$$

证　动态智能体之间的信息交换可以通过无向图自然地建模。设 $G = (V, E, \boldsymbol{A})$ 表示动态智能体网络拓扑结构的加权无向图。根据代数图理论，图 G 的拉普拉斯矩阵 $\boldsymbol{L}$ 是半正定的。由于图 G 连通，$\boldsymbol{L}$ 有一个简单的零特征值，其他特征值都是正实数，所以矩阵$-\boldsymbol{L}$ 有一个零特征值，其他特征值都是负实数。将$-\boldsymbol{L}$ 的第 i 个特征值记为 μ_i，可以把$-\boldsymbol{L}$ 的特征值写成

$$\mu_n \leqslant \mu_{n-1} \leqslant \cdots \leqslant \mu_2 < \mu_1 = 0$$

的形式，将式（3.2）代入各智能体的二阶动力学公式，得到以下闭环动力学，即

$$\begin{cases} \dot{p}_i = q_i(t-\tau) \\ \dot{q}_i(t) = \sum\limits_{j\in N_i} a_{ij}\{\beta_0[p_j(t)-p_i(t)] + \beta_1[q_j(t)-q_i(t)]\}, \end{cases} \quad i = 1, 2, \cdots, n \tag{3.3}$$

注意，由于事实上无向图中 $a_{ij} = a_{ji}$，尽管智能体动力学中存在非零时延 τ，但仍有 $\sum\limits_{i=1}^{n} u_i = 0$，这表示 $\sum\limits_{i=1}^{n} \dot{q}_i = 0$。因此，$\overline{q} = \frac{1}{n}\sum\limits_{i=1}^{n} q_i$ 是一个不变量。这意味着，当具有时延的系统的解全局渐近收敛时，由于 $\overline{q}$ 的不变性，有 $q_i \to \overline{q(0)} = \sum\limits_{i=1}^{n} q_i(0)\Big/n$。

为了给出该系统的稳定性相关结果，该证明很大程度上依赖频域分析。本小节给出的二阶协调一致性协议的收敛性分析方法是将式（3.3）的拉普拉斯变换应用如下。

根据式（3.3），得

$$sp_i(s)-p_i(0)=\mathrm{e}^{-\tau s}q_i(s)$$
$$sq_i(s)-q_i(0)=\sum_{j\in N_i}a_{ij}\{\beta_0[p_j(s)-p_i(s)]+\beta_1[q_j(s)-q_i(s)]\}$$

其中，s 是拉普拉斯变量。那么容易得到以下关系，即

$$s\begin{bmatrix}\boldsymbol{p}(s)\\ \boldsymbol{q}(s)\end{bmatrix}-\begin{bmatrix}\boldsymbol{p}(0)\\ \boldsymbol{q}(0)\end{bmatrix}=\begin{bmatrix}\boldsymbol{0} & \mathrm{e}^{-\tau s}\boldsymbol{I}_n\\ -\beta_0\boldsymbol{L} & -\beta_1\boldsymbol{L}\end{bmatrix}\begin{bmatrix}\boldsymbol{p}(s)\\ \boldsymbol{q}(s)\end{bmatrix}$$

其中，$\boldsymbol{p}(s)=[p_1(s),p_2(s),\cdots,p_n(s)]^{\mathrm{T}}$ 且 $\boldsymbol{q}(s)=[q_1(s),q_2(s),\cdots,q_n(s)]^{\mathrm{T}}$ 分别表示动态网络 $\boldsymbol{p}(t)$ 和 $\boldsymbol{q}(t)$ 的拉普拉斯变换；$\boldsymbol{I}_n$ 表示 $n\times n$ 的单位矩阵。经过处理，得

$$\begin{bmatrix}\boldsymbol{p}(s)\\ \boldsymbol{q}(s)\end{bmatrix}=(s\boldsymbol{I}_{2n}-\boldsymbol{\varGamma}(s))^{-1}\begin{bmatrix}\boldsymbol{p}(0)\\ \boldsymbol{q}(0)\end{bmatrix} \tag{3.4}$$

其中，$\boldsymbol{\varGamma}(s)=\begin{bmatrix}\boldsymbol{0} & \mathrm{e}^{-\tau s}\boldsymbol{I}_n\\ -\beta_0\boldsymbol{L} & -\beta_1\boldsymbol{L}\end{bmatrix}$。定义 $\boldsymbol{G}_\tau(s)=(s\boldsymbol{I}_{2n}-\boldsymbol{\varGamma}(s))^{-1}$。根据多变量控制理论，必须要找到一个充分条件，使矩阵 $\boldsymbol{Z}_\tau(s)=\boldsymbol{G}_\tau^{-1}(s)=s\boldsymbol{I}_{2n}-\boldsymbol{\varGamma}(s)$ 的所有零点都在开左半平面上，或者 $s=0$。

显然，$\boldsymbol{\varGamma}(0)=\begin{bmatrix}\boldsymbol{0} & \boldsymbol{I}_n\\ -\beta_0\boldsymbol{L} & -\beta_1\boldsymbol{L}\end{bmatrix}=\boldsymbol{K}$。易证 $\boldsymbol{\varGamma}(0)$ 恰有两个零特征值且 $\boldsymbol{\varGamma}(0)$ 的零特征值的几何重数等于 1。注意，$[\boldsymbol{1}^{\mathrm{T}},\ \boldsymbol{0}^{\mathrm{T}}]^{\mathrm{T}}$ 和 $[\boldsymbol{0}^{\mathrm{T}},\ \boldsymbol{1}^{\mathrm{T}}]^{\mathrm{T}}$ 分别是特征向量和关于 $\boldsymbol{\varGamma}(0)$ 的零特征值的广义特征向量，容易验证，由于 $\boldsymbol{Z}_\tau(0)=-\boldsymbol{\varGamma}(0)=-\boldsymbol{K}$，$\boldsymbol{G}_\tau(s)$ 在零处有两个孤立的极点。

此外，注意 $\boldsymbol{Z}_\tau(s)$ 的任何特征向量都可以写成形式：$\begin{bmatrix}\boldsymbol{w}_k\\ g_k\boldsymbol{w}_k\end{bmatrix}$，其中，$g_k\in\mathbf{C}$ 且 $\boldsymbol{w}_k$ 是 $-\boldsymbol{L}$ 关于特征值 μ_k 的特征向量。因此，设 $\left(s,\begin{bmatrix}\boldsymbol{w}_k\\ g_k\boldsymbol{w}_k\end{bmatrix}\right)$ 为 $\boldsymbol{Z}_\tau(s)$ 在 $\begin{bmatrix}\boldsymbol{w}_k\\ g_k\boldsymbol{w}_k\end{bmatrix}$ 方向上频率为 s 的 MIMO（multiple-input multiple-output）传输零点（$s\neq 0$），即 $\boldsymbol{Z}_\tau(s)\begin{bmatrix}\boldsymbol{w}_k\\ g_k\boldsymbol{w}_k\end{bmatrix}=\boldsymbol{0}$，然后得

$$\left(s\boldsymbol{I}_{2n}-\begin{bmatrix}\boldsymbol{0} & \mathrm{e}^{-\tau s}\boldsymbol{I}_n\\ -\beta_0\boldsymbol{L} & -\beta_1\boldsymbol{L}\end{bmatrix}\right)\begin{bmatrix}\boldsymbol{w}_k\\ g_k\boldsymbol{w}_k\end{bmatrix}=s\begin{bmatrix}\boldsymbol{w}_k\\ g_k\boldsymbol{w}_k\end{bmatrix}-\begin{bmatrix}\mathrm{e}^{-\tau s}g_k\boldsymbol{w}_k\\ \mu_k(\beta_0+\beta_1 g_k)\boldsymbol{w}_k\end{bmatrix}=\boldsymbol{0}$$

给定 $\mu_k(\beta_0+\beta_1 g_k)=\mathrm{e}^{-\tau s}g_k^2$，得

$$s\begin{bmatrix} \boldsymbol{w}_k \\ g_k\boldsymbol{w}_k \end{bmatrix} - g_k\begin{bmatrix} e^{-\tau s}\boldsymbol{w}_k \\ e^{-\tau s}g_k\boldsymbol{w}_k \end{bmatrix} = (s - e^{-\tau s}g_k)\begin{bmatrix} \boldsymbol{w}_k \\ g_k\boldsymbol{w}_k \end{bmatrix} = \boldsymbol{0}$$

注意$\begin{bmatrix} \boldsymbol{w}_k \\ g_k\boldsymbol{w}_k \end{bmatrix} \neq \boldsymbol{0}$，得到$s = e^{-\tau s}g_k$。那么$s\neq 0$满足

$$\mu_k(e^{-\tau s}\beta_0 + \beta_1 s) = s^2 \tag{3.5}$$

其中，$k>1$。注意，可用式（3.5）在数值上解出$\boldsymbol{Z}_\tau(s)$关于每个$\mu_k<0$的零点。

当$\tau=0$时，引理3.1表明该协议能保证网络中所有智能体的信息p_i和q_i分别在全局上渐近一致。

当$\tau>0$时，该协议不能保证一致性，除非时延τ小于某个给定上界。时延τ的非保守上界可以确定如下。

下面来求时延$\tau>0$的最小值使$\boldsymbol{Z}_\tau(s)$在虚轴$j\omega$上存在若干零点。

设式（3.5）中的$s=j\omega$，有

$$e^{-j\omega\tau}\mu_k\beta_0 + j\mu_k\beta_1\omega = -\omega^2 < 0 \tag{3.6}$$

根据欧拉公式，有

$$e^{-j\omega\tau}\mu_k\beta_0 + \mu_k\beta_1\omega j = \mu_k\beta_0\cos(\omega\tau) + [\mu_k\beta_1\omega - \mu_k\beta_0\sin(\omega\tau)]j \tag{3.7}$$

比较式（3.6）和式（3.7），可得

$$\begin{cases} \beta_0\sin(\omega\tau) = \beta_1\omega \\ \mu_k\beta_0\cos(\omega\tau) = -\omega^2 \end{cases} \tag{3.8}$$

经过处理，得

$$\begin{cases} \omega^4 + \mu_k^2\beta_1^2\omega^2 - \mu_k^2\beta_0^2 = 0 \\ \tan(\omega\tau) = -\beta_1\mu_k / \omega \end{cases} \tag{3.9}$$

假设$\omega>0$（由于$s\neq 0$），经过简单计算，有

$$\begin{cases} \omega = \sqrt{(-\mu_k^2\beta_1^2 + \sqrt{\mu_k^4\beta_1^4 + 4\mu_k^2\beta_0^2})/2} = \eta_k \\ \omega\tau = \arctan(-\beta_1\mu_k / \omega) + (\pi/2)m \end{cases} \tag{3.10}$$

其中，$m=0$，±1，±2，…。这意味着

$$\tau = \left[\arctan\left(-\frac{\beta_1\mu_k}{\eta_k}\right) + m(\pi/2)\right]\Big/\eta_k, \quad m = 0, \pm1, \pm2, \cdots \tag{3.11}$$

最小的$\tau>0$出现在$m=0$处，且由下式给出，即

$$\tau^* = \min_{k>1}\left\{\arctan\left(-\frac{\beta_1\mu_k}{\eta_k}\right)\Big/\eta_k\right\} \tag{3.12}$$

对于 $\omega>0$ 的情况，可重复相似论证得到相同结论。因为对于 $\tau=0$，式（3.5）所有的根除了 $s=0$，其他的都位于开左半平面，且式（3.5）在时延 τ 上的根具有连续依赖性，对于所有 $\tau\in(0,\tau^*)$，其中，$\tau^* = \min_{k>1}\left\{\arctan\left(-\frac{\beta_1\mu_k}{\eta_k}\right)\Big/\eta_k\right\}$，式（3.5）在 $k>1$ 时的根在开左半平面。那么因为 $\boldsymbol{G}_\tau(s)$的根除了 $s=0$，其他的均在开左半平面，所以都是稳定的。此外，$\boldsymbol{q}(t)$在 $\tau=\tau^*$时具有全局渐近稳定振荡解。

定理 3.1 证毕。

备注 3.1 动态网络所能容许的最大固定时延的非保守上界在多智能体系统的分布式协调设计中起着重要的作用。式（3.12）表明，该上界取决于反馈收益 $\beta_i(i=0,1)$ 和复杂的网络拓扑结构。

3.2.3 示例和仿真结果

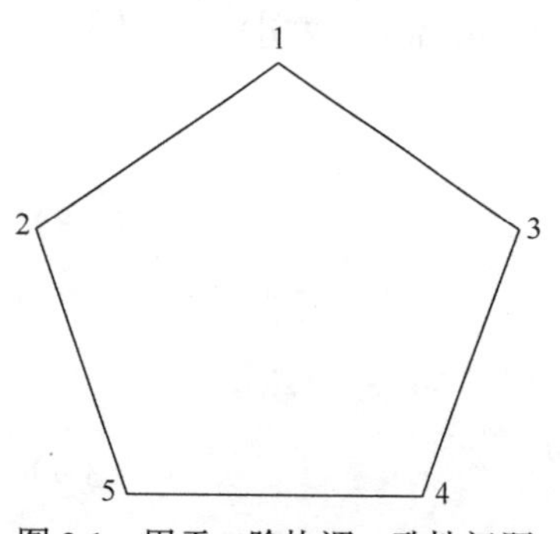

图 3.1 用于二阶协调一致性问题的无向图 G[8]

仿真二阶协调一致性协议的图 G 拓扑如图 3.1 所示。图 G 中所有连接的权值设为 1，反馈增益设为 $\beta_i=2$，其中，$i=0, 1$。易知 G 是连通图。

由定理 3.1、式（3.3）描述的具有固定拓扑 G 的一致性系统在合适的 τ 下能渐近达到二阶一致。图 3.2 和图 3.3 分别是 5 个具有时延 τ 的智能体在一组随机初始条件下的状态轨迹，且 $\tau=0.6\tau^*=0.787$，$\tau=1.312$。对于 $\tau<\tau^*$的情况，明显达到二阶一致，如图 3.2 所示。对于 $\tau=\tau^*$的情况，发生同步振荡如图 3.3 所示。仿真结果与理论结果一致。

下面研究最大固定时延的上界与协议反馈增益之间的关系。应用定理 3.1 中的式（3.12）可得到，对固定的反馈增益 $\beta_1=2$，允许的通信时延随着反馈增益 β_0 的增加而单调减小，如图 3.4（a）所示。这意味着，对于智能体动力学中存在的时延，式（3.12）量化了二阶协调一致性与一致鲁棒性之间的平衡。另外，一个令人惊讶的

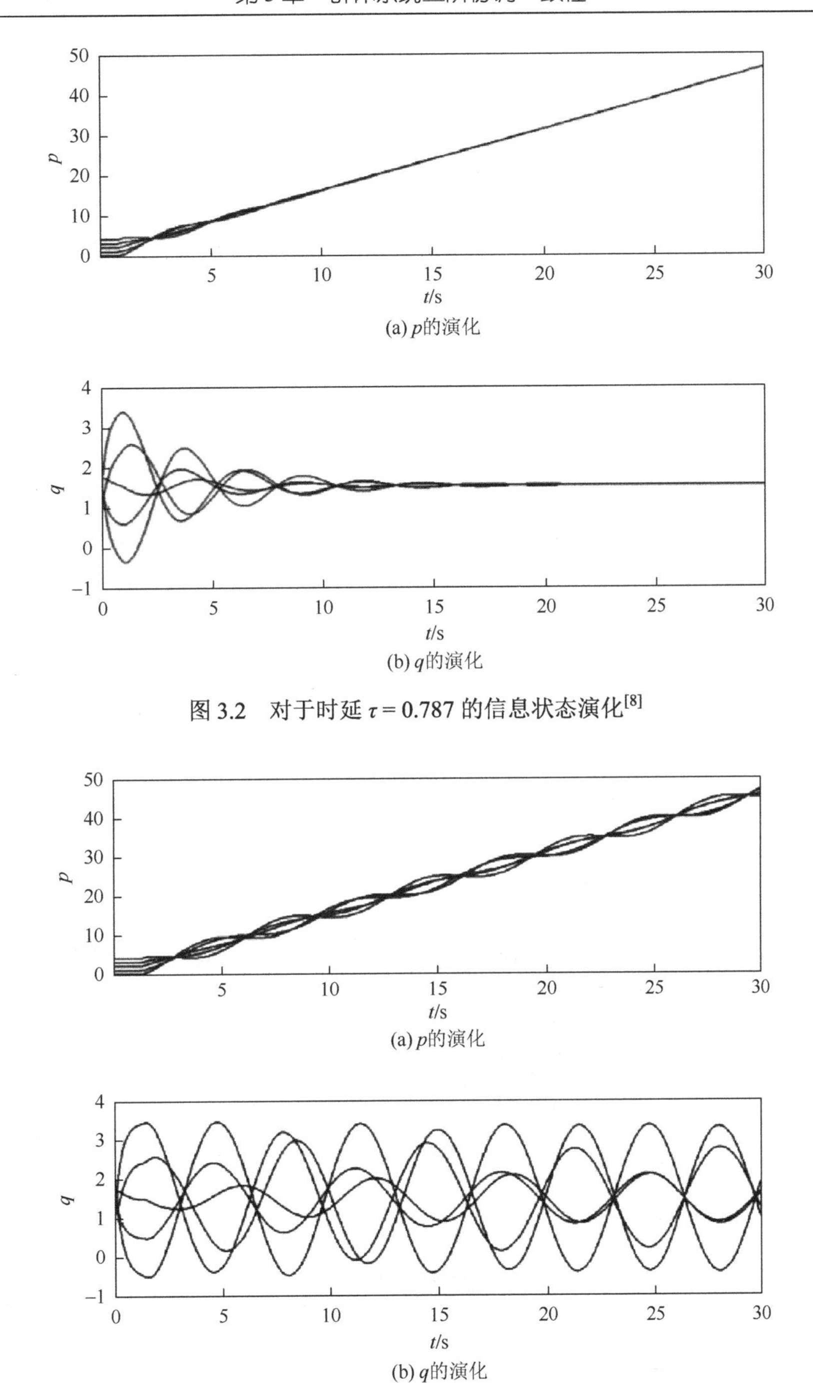

图 3.2　对于时延 $\tau = 0.787$ 的信息状态演化[8]

图 3.3　对于时延 $\tau = 1.312$ 的信息状态演化[8]

现象是，对固定的反馈增益 $\beta_0 = 2$，允许的延迟随着反馈增益 β_1 的增加而单调增加，如图 3.4（b）所示。这意味着，对于智能体动力学中存在的时延，反馈增益 β_0 和 β_1

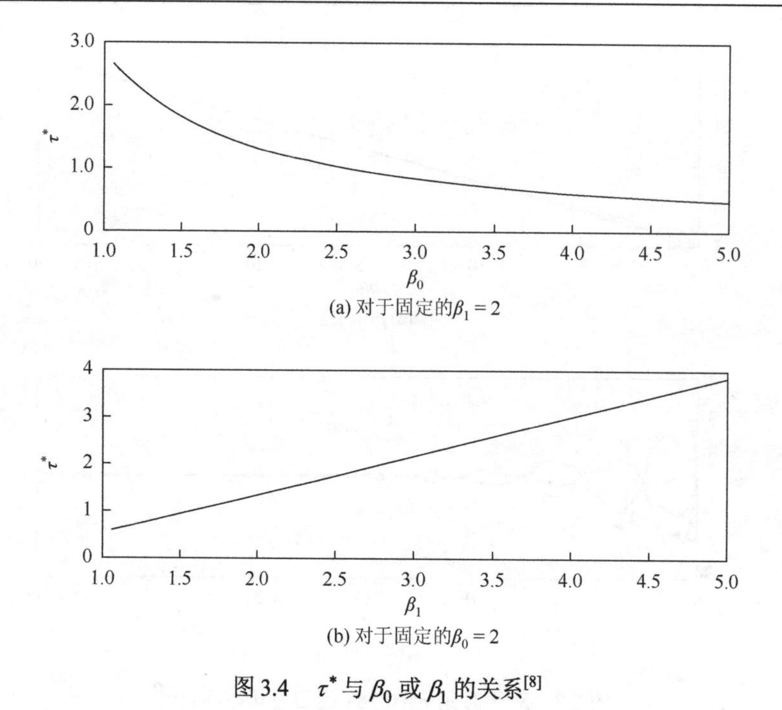

图 3.4 τ^* 与 β_0 或 β_1 的关系[8]

在二阶协调一致性协议的鲁棒性中扮演不同的角色。因此，定理 3.1 可以说明整个分布式协调设计。

3.3 存在通信时延的群体系统二阶协调一致性

3.3.1 存在通信时延的二阶协调一致性协议

动态智能体之间的信息交换通过无向图 $G = (V, E, \boldsymbol{A})$建模。令 $\mathbf{1}$ 表示全为 1 的列向量，$\boldsymbol{I}_n$ 表示 $n \times n$ 的单位矩阵。

考虑 n 个动态智能体，其动态描述由下式给出，即

$$\begin{cases} \dot{p}_i = q_i \\ \dot{q}_i = u_i \end{cases}, \quad i = 1, 2, \cdots, n \tag{3.13}$$

其中，$p_i \in \mathbf{R}$，$q_i \in \mathbf{R}$ 分别表示智能体 i 的信息状态及其时间导数；$u_i \in \mathbf{R}$ 表示控制输入。将整个动态网络的信息状态及其时间导数分别定义为 $\boldsymbol{p}(t) = [p_1(t), p_2(t), \cdots, p_n(t)]^{\mathrm{T}}$ 和 $\boldsymbol{q}(t) = [q_1(t), q_2(t), \cdots, q_n(t)]^{\mathrm{T}}$。整个网络定义为 $G_{\boldsymbol{p},\boldsymbol{q}} = (G, \boldsymbol{p}, \boldsymbol{q})$。假设每个智能体 i 在

一个常数时延 $\tau>0$ 后接收来自其邻居的信息（即 p_j 和 q_j），则有以下二阶协调一致性协议：

$$u_i=\sum_{j\in N_i}a_{ij}\{\beta_0[p_j(t-\tau)-p_i(t-\tau)]+\beta_1[q_j(t-\tau)-q_i(t-\tau)]\} \tag{3.14}$$

其中，β_0 和 β_1 是正常数，表示反馈增益。给出分布式二阶协调一致性协议是为了保证随着 $t\to\infty$，$p_{i\to}p_j$ 和 $q_{i\to}q_j$，$\forall\, i\neq j$，即网络中所有智能体的信息状态和它们的时间导数分别渐近地达到一致。为了证明给出的二阶协议的稳定性，需要以下引理，它在证明本章主要理论结果时有着重要的作用。

引理 3.2　对于任意正常数 β_0 和 β_1，矩阵 $\boldsymbol{K}=\begin{bmatrix}\boldsymbol{0} & \boldsymbol{I}_n\\ -\beta_0\boldsymbol{L} & -\beta_1\boldsymbol{L}\end{bmatrix}$ 有两个零特征值，如果网络拓扑连通，$\boldsymbol{K}$ 的零特征值的几何重数为 1，其中，$\boldsymbol{L}$ 是拉普拉斯矩阵。另外，$\boldsymbol{K}$ 的所有（除了零的特征值）特征值有负实部。

证　为了定义 $\boldsymbol{K}$ 的特征值，可以解方程 $\det(\lambda\boldsymbol{I}_{2n}-\boldsymbol{K})=0$，其中，$\det(\lambda\boldsymbol{I}_{2n}-\boldsymbol{K})$ 是 $\boldsymbol{K}$ 的特征多项式。注意到

$$\begin{aligned}\det(\lambda\boldsymbol{I}_{2n}-\boldsymbol{K})&=\det\left(\begin{bmatrix}\lambda\boldsymbol{I}_n & -\boldsymbol{I}_n\\ \beta_0\boldsymbol{L} & \lambda\boldsymbol{I}_n+\beta_1\boldsymbol{L}\end{bmatrix}\right)=\det[\lambda^2\boldsymbol{I}_n+(\beta_0+\lambda\beta_1)\boldsymbol{L}]\\&=\prod_{i=1}^{n}(\lambda^2-(\beta_0+\lambda\beta_1\boldsymbol{L})\mu_i)=0\end{aligned} \tag{3.15}$$

其中，μ_i 是 $-\boldsymbol{L}$ 的第 i 个特征向量，有 $\lambda^2=(\beta_0+\lambda\beta_1)\,\mu_i$。经过一些处理，矩阵 $\boldsymbol{K}$ 的特征值为

$$\lambda_{i\pm}=\left(\beta_1\mu_1\pm\sqrt{\beta_1^2\mu_1^2+4\beta_0\mu_i}\right)\Big/2 \tag{3.16}$$

根据代数图理论，G 的拉普拉斯矩阵 $\boldsymbol{L}$ 有一个简单的零特征值，且其他特征值都是正实数，这是因为图 G 是连通的。因此，矩阵 $-\boldsymbol{L}$ 有一个零特征值，且其他特征值都是负实数，这意味着 $\lambda_{0\pm}=0$，可以看到 $\boldsymbol{K}$ 恰好有两个零特征值。从式（3.16）中容易看到，$\boldsymbol{K}$ 的所有特征值（除了零）都有负实部，因为 β_0 和 β_1 是正常数。为了表述清晰，λ_k 表示对应于 $-\boldsymbol{L}$ 特征值 μ_k 的矩阵 $\boldsymbol{k}$ 的特征值对 $\lambda_{k\pm}$。设 $\boldsymbol{\omega}=[\boldsymbol{\omega}_a^{\mathrm{T}},\ \boldsymbol{\omega}_b^{\mathrm{T}}]^{\mathrm{T}}$ 为矩阵 $\boldsymbol{K}$ 关于零特征值的特征向量，其中，$\boldsymbol{\omega}_a$，$\boldsymbol{\omega}_b\in\mathbf{R}^n$，那么有

$$\boldsymbol{K\omega}=\begin{bmatrix}\boldsymbol{0} & \boldsymbol{I}_n \\ -\beta_0\boldsymbol{L} & -\beta_1\boldsymbol{L}\end{bmatrix}\begin{bmatrix}\boldsymbol{\omega}_a \\ \boldsymbol{\omega}_b\end{bmatrix}=\begin{bmatrix}\boldsymbol{\omega}_b \\ -\beta_0\boldsymbol{L\omega}_a-\beta_1\boldsymbol{L\omega}_b\end{bmatrix}=\boldsymbol{0} \tag{3.17}$$

式（3.17）表明，$\boldsymbol{\omega}_b=\boldsymbol{0}$，且$-\beta_0\boldsymbol{L\omega}_a-\beta_1\boldsymbol{L\omega}_b=\boldsymbol{0}$。容易得到（$-\boldsymbol{L}$）$\boldsymbol{\omega}_a=\boldsymbol{0}$。因此，$\boldsymbol{\omega}_a$是$-\boldsymbol{L}$的一个关于零特征值的特征向量。因为矩阵$\boldsymbol{K}$恰有一个零特征值，所以$-\boldsymbol{L}$关于零特征值的特征向量空间的维数是一。这又意味着，矩阵$\boldsymbol{K}$只有一个关于零特征值的线性无关的特征向量$\boldsymbol{\omega}=[\boldsymbol{\omega}_a^{\mathrm{T}},\boldsymbol{0}^{\mathrm{T}}]^{\mathrm{T}}$。因此，矩阵$\boldsymbol{K}$的零特征值的几何重数为1。

引理 3.2 证毕。

引理 3.3 考虑n个动态智能体，其动态描述由式（3.13）给出。二阶协调一致性协议为

$$u_i=\sum_{j\in N_i}a_{ij}[\beta_0(p_j-p_i)+\beta_1(q_j-q_i)] \tag{3.18}$$

其中，β_0和β_1是任意正常数，保证渐近达到一致，当且仅当网络的固定无向拓扑连通。

3.3.2 最大通信时延

在本小节中，考虑具有固定拓扑的网络中存在通信时延的二阶协调一致性问题。通过引入频域方法，证明在网络拓扑连通的情况下，应用二阶协调一致性协议，对于适当的通信时延上界，闭环系统渐近地达到二阶一致。本小节得到在动态网络中可以容许的最大通信时延。

定理 3.2 假设动态智能体加权网络的固定无向拓扑是连通的。考虑n个动态智能体，其动态描述由式（3.13）给出。假设每个智能体i在一个常数时延$\tau>0$后接收来自其邻居的信息（即p_j和q_j）且应用协议式（3.14）。当且仅当满足以下条件时，网络中所有智能体的信息状态和它们的时间导数分别在全局上渐近达到一致。

$$\tau\in(0,\tau^*) \quad 且 \quad \tau^*=\min_{k>1}\left\{\arctan\left(\frac{\beta_1}{\beta_0}\eta_k\right)\Big/\eta_k\right\}$$

其中，$\eta_k=\sqrt{\left(\mu_k^2\beta_1^2+\sqrt{\mu_k^4\beta_1^4+4\mu_k^2\beta_0^2}\right)\Big/2}>0$且$\mu_k$是矩阵$-\boldsymbol{L}$的第$k$个特征值。

证 设$G=(V,E,\boldsymbol{A})$表示动态智能体网络拓扑结构的加权无向图。由于图G连

通，拉普拉斯矩阵 $\boldsymbol{L}$ 有一个简单的零特征值，其他特征值都是正实数。因此，矩阵 $-\boldsymbol{L}$ 恰有一个零特征值，其他的特征值都是负实数。将$-\boldsymbol{L}$ 的第 i 个特征值记为 μ_i，可以把$-\boldsymbol{L}$ 的特征值写成下面的形式，即

$$\mu_n \leqslant \mu_{n-1} \leqslant \cdots \leqslant \mu_2 < \mu_1 = 0$$

将式（3.14）代入各智能体的二阶动力学公式，得到以下闭环动力学，即

$$\begin{cases} \dot{p}_i = q_i \\ \dot{q}_i = \sum\limits_{j \in N_i} a_{ij} \{\beta_0 [p_j(t-\tau) - p_i(t-\tau)] + \beta_1 [q_j(t-\tau) - q_i(t-\tau)]\}, \end{cases} \quad i = 1,2,\cdots,n \tag{3.19}$$

注意到，由于事实上无向图中 $a_{ij} = a_{ji}$，尽管智能体动力学中存在非零时延 τ，但仍有 $\sum\limits_{i=1}^{n} u_i = 0$，这表示 $\sum\limits_{i=1}^{n} \dot{q}_i = 0$。因此，$\overline{q} = \frac{1}{n}\sum\limits_{i=1}^{n} q_i$ 是一个不变量。这意味着当具有时延的系统的解全局渐近收敛时，由于 $\overline{q}$ 的不变性，有 $q_i \to \overline{q(0)} = \sum\limits_{i=1}^{n} q_i(0) \Big/ n$，$\forall\, i$。

为了证明系统式（3.19）的稳定性，我们应用频域分析方法。本章给出的二阶协调一致性协议的收敛性分析方法是将式（3.19）的拉普拉斯变换应用如下：

根据式（3.19），有

$$sp_i(s) - p_i(0) = q_i(s) \tag{3.20}$$

$$sq_i(s) - q_i(0) = \mathrm{e}^{-\tau s} \sum_{j \in N_i} a_{ij} \{\beta_0 [p_j(s) - p_i(s)] + \beta_1 [q_j(s) - q_i(s)]\} \tag{3.21}$$

其中，s 是拉普拉斯变量，那么容易得到以下关系。

$$s\begin{bmatrix} \boldsymbol{p}(s) \\ \boldsymbol{q}(s) \end{bmatrix} - \begin{bmatrix} \boldsymbol{p}(0) \\ \boldsymbol{q}(0) \end{bmatrix} = \begin{bmatrix} \boldsymbol{0} & \boldsymbol{I}_n \\ -\beta_0 \boldsymbol{L}\mathrm{e}^{-\tau s} & -\beta_1 \boldsymbol{L}\mathrm{e}^{-\tau s} \end{bmatrix} \begin{bmatrix} \boldsymbol{p}(s) \\ \boldsymbol{q}(s) \end{bmatrix} \tag{3.22}$$

其中，$\boldsymbol{p}(s) = [p_1(s), p_2(s), \cdots, p_n(s)]^{\mathrm{T}}$ 且 $\boldsymbol{q}(s) = [q_1(s), q_2(s), \cdots, q_n(s)]^{\mathrm{T}}$ 分别表示整个动态网络的信息状态和它们的时间导数的拉普拉斯变换。经过一些处理，得

$$\begin{bmatrix} \boldsymbol{p}(s) \\ \boldsymbol{q}(s) \end{bmatrix} = (s\boldsymbol{I}_{2n} - \boldsymbol{\Gamma}(s))^{-1} \begin{bmatrix} \boldsymbol{p}(0) \\ \boldsymbol{q}(0) \end{bmatrix} \tag{3.23}$$

其中，$\boldsymbol{\Gamma}(s) = \begin{bmatrix} \boldsymbol{0} & \boldsymbol{I}_n \\ -\beta_0 \boldsymbol{L}\mathrm{e}^{-\tau s} & -\beta_1 \boldsymbol{L}\mathrm{e}^{-\tau s} \end{bmatrix}$。

因此，上述二阶协议收敛的充分条件是$(s\boldsymbol{I}_{2n}-\boldsymbol{\Gamma}(s))^{-1}$ 的所有极点都必须在开左

半平面（除了零处的两个孤立极点）。定义 $\boldsymbol{G}_\tau(s)=(s\boldsymbol{I}_{2n}-\boldsymbol{\Gamma}(s))^{-1}$，根据多变量控制理论，必须找到一个充分条件，使矩阵 $\boldsymbol{Z}_\tau(s)=\boldsymbol{G}_\tau^{-1}(s)=s\boldsymbol{I}_{2n}-\boldsymbol{\Gamma}(s)$ 的所有零点都在开左半平面，或者 $s=0$。显然，$\boldsymbol{\Gamma}(0)=\begin{bmatrix}\boldsymbol{0} & \boldsymbol{I}_n\\ -\beta_0\boldsymbol{L} & -\beta_1\boldsymbol{L}\end{bmatrix}=\boldsymbol{K}$。根据引理 3.2，得到 $\boldsymbol{\Gamma}(0)$ 正好有两个零特征值且 $\boldsymbol{\Gamma}(0)$ 的零特征值的几何重数等于 1。注意到，$[\boldsymbol{1}^{\mathrm{T}},\boldsymbol{0}^{\mathrm{T}}]^{\mathrm{T}}$ 和 $[\boldsymbol{0}^{\mathrm{T}},\boldsymbol{1}^{\mathrm{T}}]^{\mathrm{T}}$ 分别是特征向量和关于 $\boldsymbol{\Gamma}(0)$ 的零特征值的广义特征向量，容易验证，由于 $\boldsymbol{Z}_\tau(0)=-\boldsymbol{\Gamma}(0)=-\boldsymbol{K}$，$\boldsymbol{G}_\tau(s)$ 在零处有两个孤立的极点。

设 $\left(s,\begin{bmatrix}\boldsymbol{w}_k\\ g_k\boldsymbol{w}_k\end{bmatrix}\right)$ 为 $\boldsymbol{Z}_\tau(s)$ 在 $\begin{bmatrix}\boldsymbol{w}_k\\ g_k\boldsymbol{w}_k\end{bmatrix}$ 方向上频率为 s 的 MIMO 传输零点（$s\neq0$），即 $\boldsymbol{Z}_\tau(s)\begin{bmatrix}\boldsymbol{w}_k\\ g_k\boldsymbol{w}_k\end{bmatrix}=\boldsymbol{0}$，其中，$g_k\in\mathbf{C}$，$k>1$，$\boldsymbol{w}_k$ 是 $-\boldsymbol{L}$ 关于特征值 μ_k 的特征向量，然后有

$$\begin{aligned}&\left(s\boldsymbol{I}_{2n}-\begin{bmatrix}\boldsymbol{0} & \boldsymbol{I}_n\\ -\beta_0\boldsymbol{L}\mathrm{e}^{-\tau s} & -\beta_1\boldsymbol{L}\mathrm{e}^{-\tau s}\end{bmatrix}\right)\begin{bmatrix}\boldsymbol{w}_k\\ g_k\boldsymbol{w}_k\end{bmatrix}\\ &=s\begin{bmatrix}\boldsymbol{w}_k\\ g_k\boldsymbol{w}_k\end{bmatrix}-\begin{bmatrix}g_k\boldsymbol{w}_k\\ \mathrm{e}^{-\tau s}\beta_0(-\boldsymbol{L})\boldsymbol{w}_k+\mathrm{e}^{-\tau s}\beta_1 g_k(-\boldsymbol{L})\boldsymbol{w}_k\end{bmatrix}\\ &=s\begin{bmatrix}\boldsymbol{w}_k\\ g_k\boldsymbol{w}_k\end{bmatrix}-\begin{bmatrix}g_k\boldsymbol{w}_k\\ \mathrm{e}^{-\tau s}\mu_k(\beta_0+\beta_1 g_k)\boldsymbol{w}_k\end{bmatrix}=\boldsymbol{0}\end{aligned}\tag{3.24}$$

给定 $\mathrm{e}^{-\tau s}\mu_k(\beta_0+\beta_1 g_k)=g_k^2$，得

$$s\begin{bmatrix}\boldsymbol{w}_k\\ g_k\boldsymbol{w}_k\end{bmatrix}-g_k\begin{bmatrix}\boldsymbol{w}_k\\ g_k\boldsymbol{w}_k\end{bmatrix}=(s-g_k)\begin{bmatrix}\boldsymbol{w}_k\\ g_k\boldsymbol{w}_k\end{bmatrix}=\boldsymbol{0}\tag{3.25}$$

注意，$\begin{bmatrix}\boldsymbol{w}_k\\ g_k\boldsymbol{w}_k\end{bmatrix}\neq\boldsymbol{0}$，容易得到 $s=g_k$。那么 $s=0$ 满足

$$\mathrm{e}^{-\tau s}\mu_k(\beta_0+\beta_1 s)=s^2\tag{3.26}$$

其中，$k>1$。注意，可以用式（3.26）在数值上解出 $\boldsymbol{Z}_\tau(s)$ 关于每个 $\mu_k<0$ 的零点。

当 $\tau=0$ 时，引理 3.3 表明，该协议能保证网络中所有智能体的信息状态和时间导数分别在全局上渐近一致。

当 $\tau>0$ 时，协议不能保证网络中所有智能体的信息状态和时间导数分别在全局上渐近一致，除非时延 τ 小于某个给定上界。时延 τ 的严格上界可以确定。首先求时延 $\tau>0$ 的最小值使 $\boldsymbol{Z}_\tau(s)$ 在虚轴 $\mathrm{j}\omega$ 上的若干零点。

设式（3.26）中的 $s = \mathrm{j}\omega$，有

$$\mu_k \mathrm{e}^{-\mathrm{j}\omega\tau}(\beta_0 + \mathrm{j}\beta_1\omega) = -\omega^2 \tag{3.27}$$

假设 $\omega > 0$，得到 $\mathrm{e}^{-\mathrm{j}\omega\tau}$（$\beta_0 + \mathrm{j}\beta_1\omega$）是一个正实数，那么 $\mathrm{e}^{-\mathrm{j}\omega\tau}$ 和 $\beta_0 + \mathrm{j}\beta_1\omega$ 的相角和是 $2m\pi$，其中，$m = 0$，± 1，± 2，…。这意味着，$-\omega\tau + \arctan\dfrac{\beta_1\omega}{\beta_0} = 2m\pi$。因此，得

$$\tau = \left(\arctan\left(\frac{\beta_1\omega}{\beta_0}\right) - 2m\pi\right)\Big/\omega \tag{3.28}$$

由于式（3.27）两边的大小必须相同，有

$$\mu_k\sqrt{\beta_0^2 + \beta_1^2\omega^2} = -\omega^2 \tag{3.29}$$

或者

$$\omega^4 - \mu_k^2\beta_1^2\omega^2 - \mu_k^2\beta_0^2 = 0 \tag{3.30}$$

经过简单计算，得

$$\omega = \sqrt{\left(\mu_k^2\beta_1^2 + \sqrt{\mu_k^4\beta_1^4 + 4\mu_k^2\beta_0^2}\right)\Big/2} = \eta_k \tag{3.31}$$

结合式（3.28）和式（3.31），得

$$\tau = \left(\arctan\left(\frac{\beta_1\eta_k}{\beta_0}\right) - 2m\pi\right)\Big/\eta_k, \quad m = 0, \pm 1, \pm 2, \cdots \tag{3.32}$$

最小的 $\tau > 0$ 出现在 $m = 0$ 处，且由下式给出，即

$$\tau^* = \min_{k>1}\left\{\arctan\left(\frac{\beta_1}{\beta_0}\eta_k\right)\Big/\eta_k\right\} \tag{3.33}$$

对于 $\omega < 0$ 的情况，可以重复相似的论证得到相同的结论。

因为对于 $\tau = 0$，式（3.26）所有的根（除了 $s = 0$）都位于开左半平面，且式（3.26）在时延 τ 上的根具有连续依赖性，所以对于所有 $\tau \in (0, \tau^*)$，其中，

$$\tau^* = \min_{k>1}\left\{\arctan\left(\frac{\beta_1}{\beta_0}\eta_k\right)\Big/\eta_k\right\}$$

式（3.26）在 $k > 1$ 时的根在开左半平面。那么 $\boldsymbol{G}_\tau(s)$的根（除了 $s = 0$）均在开左半平面，因此都是稳定的。因此，根据泛函微分方程的稳定性理论[9]，网络的二阶协调一致性仍然成立。此外，$\boldsymbol{q}(t)$在 $\tau = \tau^*$ 时具有全局渐近稳定振荡解。

定理 3.2 证毕。

备注 3.2 动态网络所能容许的最大固定时延的非保守上界在多智能体系统的分布式协调设计中起着重要的作用。式（3.33）表明，该上界取决于在 $i=0, 1$ 时的反馈收益 β_i 和复杂的网络拓扑结构。

3.3.3 示例和仿真结果

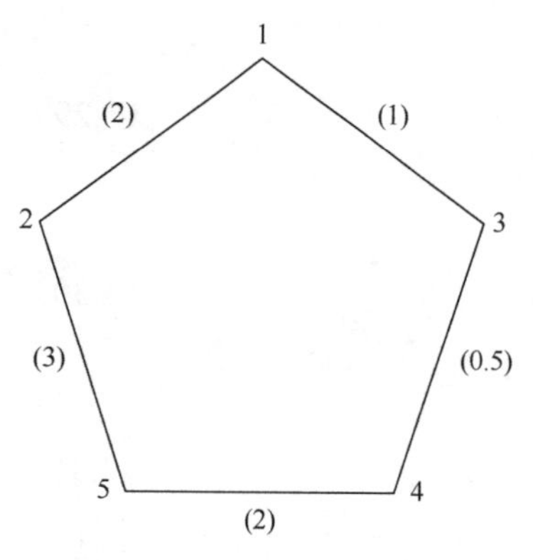

图 3.5 用于二阶协调一致性问题的无向网络 G[10]

考虑求解 5 个智能体网络的二阶协调一致性问题，其通信无向网络 G 如图 3.5 所示。

网络 G 中连边上的数字是连边的相应权重。反馈增益设为 $\beta_i=1$，其中，$i=0, 1$。由图 3.5 容易看出 G 是连通图。由定理 3.2，具有固定拓扑 G 的动态网络在合适的 τ 下能渐近达到二阶一致。

图 3.6～图 3.8 分别是具有通信时延 $\tau=0, 0.9\tau^*$，$\tau^*=\min\limits_{k>1}\left\{\arctan\left(-\dfrac{\beta_1}{\eta_k}\mu_k\right)\Big/\eta_k\right\}\approx 0.167$ 的一致性系统在一组随机初始条件下的变化过程，初始条件可以由任意连续函数在$[-\tau, 0]$上定义。对于 $\tau<\tau^*$的情况，明显达到二阶一致，如图 3.6 和图 3.7 所示；对于 $\tau=\tau^*$的情况，发生同步振荡如图 3.8 所示，仿真结果与理论结果一致。

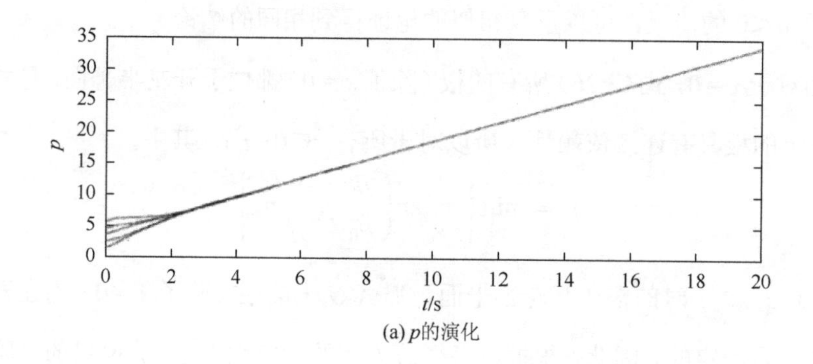

(a) p的演化

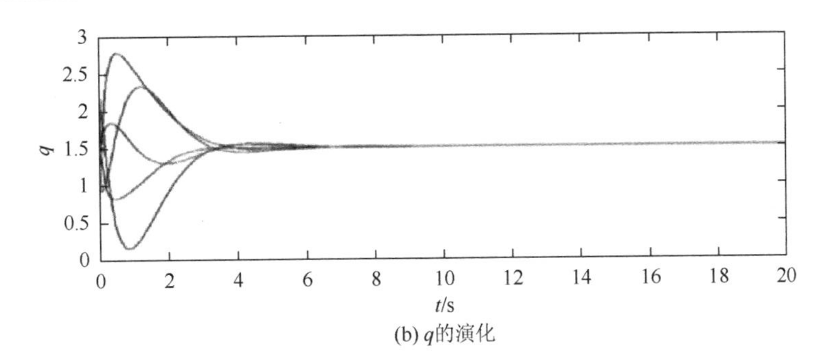

(b) q的演化

图 3.6　二阶协调一致性系统对于时延 $\tau=0$ 的演化[10]

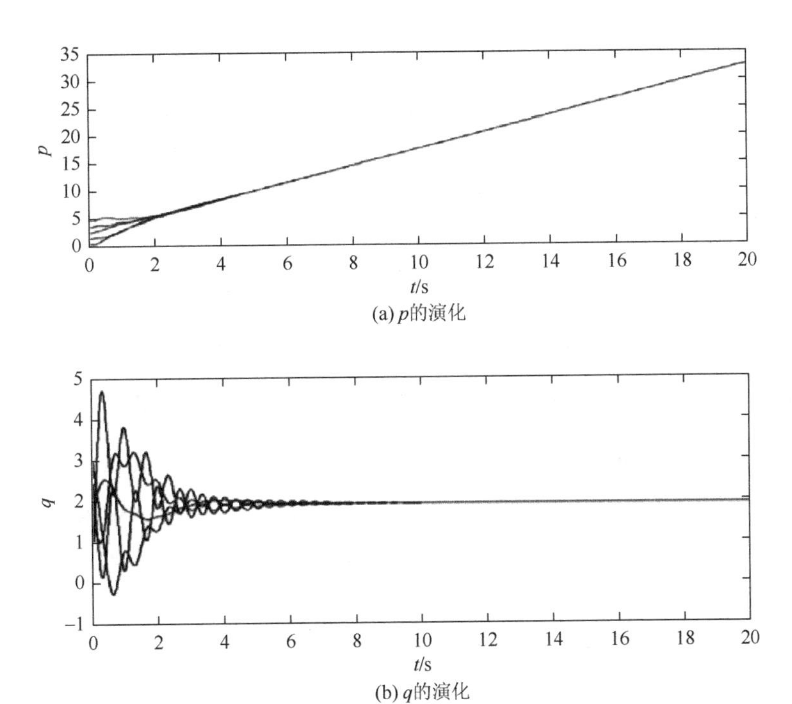

(a) p的演化

(b) q的演化

图 3.7　二阶协调一致性系统对于时延 $\tau=0.15$ 的演化[10]

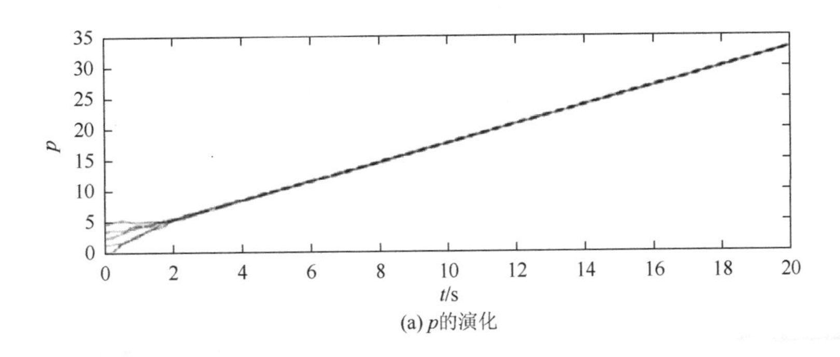

(a) p的演化

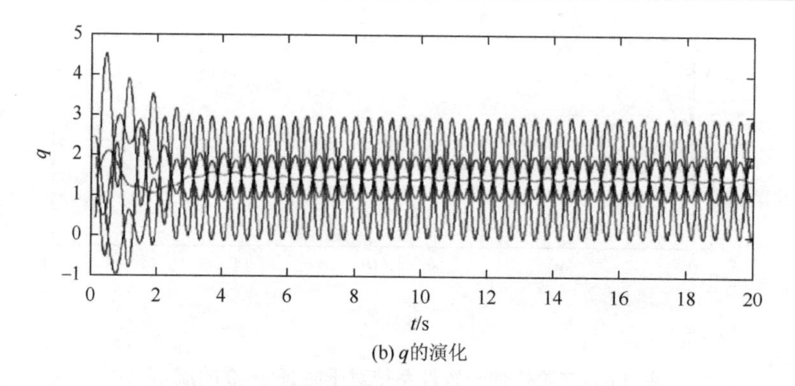

(b) q的演化

图 3.8 二阶协调一致性系统对于时延 $\tau = 0.167$ 的演化[10]

备注 3.3 下面给出最大固定时延的上界与协议反馈增益之间的关系。应用定理 3.2 中的式（3.33）可以得到，对固定的反馈增益 $\beta_1 = 1$，允许的通信时延随着信息状态反馈增益 β_0 的增加而减小，如图 3.9（a）所示。这意味着，式（3.33）量化了二阶协调一致性与一致鲁棒性之间对于时延的平衡。另外，可以发现一个令人诧异的现象是，对固定的反馈增益 $\beta_0 = 1$，允许的通信延迟随着时间导数反馈增益 β_1 的增加并不单调减小，如图 3.9（b）所示。最大值 0.252 出现在 $\beta_1 = 0.43$ 处。这一结果表明，可以确定二阶协调一致性协议中定义的最优反馈增益，使动态网络对通信时延的一致鲁棒性最大化。因此分析结果可以用来指导整个分布式协调设计问题。

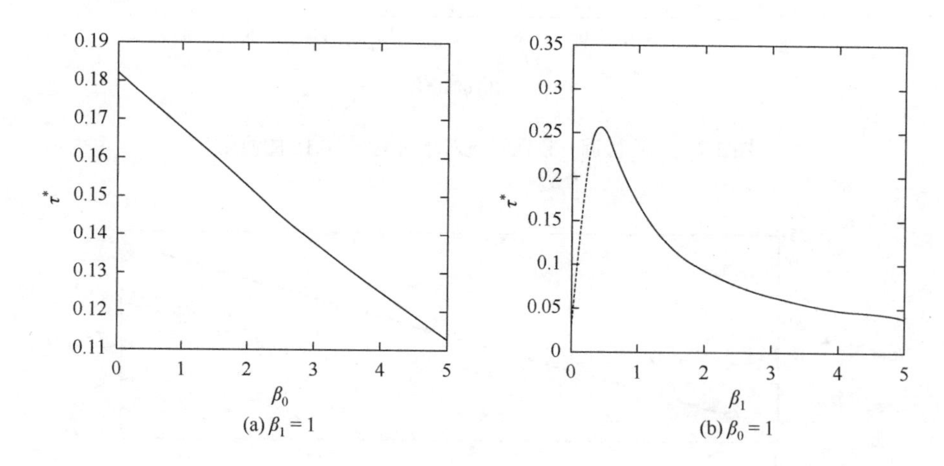

(a) $\beta_1 = 1$　　(b) $\beta_0 = 1$

图 3.9 τ^*关于 β_1 和 β_0 的函数[10]

3.4 小 结

本章研究了具有双积分动力学时延和通信时延的无向动态智能体网络信息一致的二阶协调一致性协议，讨论了如何对具有非零时延的动力学和非零通信时延的网络进行收敛分析（即一致性分析）。通过频域分析，证明了在网络拓扑连通的情况下，动态智能体网络对于适当的动力学时延和通信时延具有渐近一致性，给出在最大固定动力学时延和通信时延上的严格上界的理论结果，使得系统仍能达到二阶协调一致。应当注意的是，二阶协调一致性协议可以轻松用于协调多个水下自主航行器的运动，因为航行器的非线性动力学可以被反馈线性化为双积分器。本章的主要结果详见作者发表的相关论文[8, 10]。

参 考 文 献

[1] OLFATI-SABER R，Murray R M. Consensus problems in networks of agents with switching topology and time-delays [J]. IEEE Transactions on Automatic Control，2004，49（9）：1520-1533.

[2] REN W，BEARD R W. Consensus seeking in multiagent systems under dynamically changing interaction topologies [J]. IEEE Transactions on Automatic Control，2005，50（5）：655-661.

[3] OLFATI-SABER R，MURRAY R M. Consensus protocols for networks of dynamic agents [C] // Proceedings of the 2003 American Control Conference，June 4-6，2003，Denver，Colorado，USA. IEEE：951-956.

[4] TANNER H G，JADBABAIE A，PAPPAS G J. Stable flocking of mobile agents，part II：dynamic topology [C] // 42nd IEEE International Conference on Decision and Control，December 12，2003，Maui，Hawaii，USA. IEEE：2016-2021.

[5] TANNER H G，JADBABAIE A，PAPPAS G J. Stable flocking of mobile agents，part I：fixed topology [C] // 42nd IEEE International Conference on Decision and Control，December 12，2003，Maui，Hawaii，USA. IEEE：2010-2015.

[6] LAWTON J R，BEARD R W. Synchronized multiple spacecraft rotations [J]. Automatica，2002，38（8）：1359-1364.

[7] REN W，ATKINS E. Distributed multi-vehicle coordinated control via local information exchange [J]. International Journal of Robust and Nonlinear Control，2007，17（10-11）：1002-1033.

[8] YANG B，FANG H. Second-order consensus in networks of agents with delayed dynamics [J]. Wuhan University Journal of Natural Sciences，2009，14（2）：158-162.

[9] SU J H，FONG I K，TSEN C L. Stability analysis of linear systems with time delay [J]. IEEE Transactions on Automatic Control，1994，39（6）：1341–1344.

[10] YANG B，FANG H J，WANG H. Second-order consensus in networks of dynamic agents with communication time-delays [J]. Journal of Systems Engineering and Electronics，2010，21（1）：88-94.

第 4 章　群体系统高阶协调一致性

4.1 概　述

注意到，大多数群体一致性协议关注的是所有动态智能体就一致性变量的值达成一致的情况。无论一致性变量是否为向量，这种一致性协议实际上都是一阶的，因为典型的一致性协议根据其邻居的一致性变量调整每个智能体的一致性变量的一阶导数。本章将群体系统低阶一致性扩展到高阶。由于处理高阶协调一致性问题[1-4]的文献较少，且现有的文献对于一般高阶协调一致性的稳定性与系统参数（如网络拓扑和反馈增益）之间的关系既不提供一般的框架，也没有给出系统的见解，这使得处理高阶协调一致性问题变得棘手。本章介绍使用高阶积分建立的智能体固有的动力学模型，主要受到以下启发：首先，从系统理论的观点来看，一般类型的非线性系统（反馈线性化）可以通过反馈控制和使用微分几何方法状态向量的变换转化为线性系统。因此，如果存在用高阶积分描述的动态网络解决群体系统一致性问题的协议，那么就可以综合成非线性动态网络的一致性控制协议。其次，通过观察自然界中的集群和蜂拥行为受到本质上的启发，生物网络也可能需要就加速甚至混乱达成一致，以维持某些突发事件中的集体行为（如鱼群突然意识到一些食物或威胁的来源）。因此，研究高阶积分群体的一致性问题不仅具有生物学意义，而且具有系统理论意义。本章采用频域方法系统地研究任意高阶协调一致性探寻过程，明确地将连接模式和控制增益与多智能体网络的一致性联系起来，然后利用导出的一致性多项式给出高阶协调一致性稳定判据的一般充要条件。此外，本章利用底层网络的拓扑性质，给出高阶协调一致性的理想时间复杂度的充分条件。

4.2　群体系统高阶协调一致性分析与设计

4.2.1　群体系统高阶协调一致性协议

考虑具有如下 k 阶动力学描述的 n 个动态智能体，即

$$\begin{cases}\dot{x}_i^{(0)}(t)=x_i^{(1)}(t)\\ \vdots \\ \dot{x}_i^{(k-2)}(t)=x_i^{(k-1)}(t)\\ \dot{x}_i^{(k-1)}(t)=u_i(t)\end{cases} \tag{4.1}$$

其中，$i=1,2,\cdots,n$ 且 $x_i^{(m)}(t)\in\mathbf{R}$，$m=0,1,\cdots,k-1$，$u_i(t)\in\mathbf{R}$ 分别表示智能体 i 的信息状态和控制输入。$x_i^{(m)}(t)$ 表示 x_i 的第 m 阶导数，$x_i^{(0)}(t)=x_i(t)$。将整个网络的状态定义为

$$\boldsymbol{X}(t)=[(\boldsymbol{x}^{(0)}(t))^{\mathrm{T}},(\boldsymbol{x}^{(1)}(t))^{\mathrm{T}},\cdots,(\boldsymbol{x}^{(k-1)}(t))^{\mathrm{T}}]^{\mathrm{T}}$$

其中，$\boldsymbol{x}^{(m)}(t)=[x_1^{(m)}(t),x_2^{(m)}(t),\cdots,x_n^{(m)}(t)]^{\mathrm{T}}$，$m=0,1,\cdots,k-1$。按照

$$\boldsymbol{x}^{(m)}(t)=\overline{x}^{(m)}(t)\mathbf{1}+\boldsymbol{\delta}^{(m)}(t) \tag{4.2}$$

将 $\boldsymbol{x}^{(m)}(t)$分解。其中，$\overline{x}^{(m)}(t)=\sum_i x_i^{(m)}(t)/n$；$\mathbf{1}=[1,1,\cdots,1]^{\mathrm{T}}\in\mathbf{R}^{\mathrm{n}}$；$\boldsymbol{\delta}^{(m)}(t)\in\mathbf{R}^n$。将 $\boldsymbol{e}(t)=\sum_{m=0}^{k-1}\|\delta^{(m)}(t)\|^2$ 作为 k 阶一致性问题的整体群体分歧，其中，$\|\cdot\|$表示欧几里得范数。整数、实数和复数集分别用 $\mathbf{Z}$、$\mathbf{R}$ 和 $\mathbf{C}$ 表示。智能体之间的信息交换可以通过加权无向图 $G=(V,E,\boldsymbol{A})$自然建模，其中，$V=\{v_i\}$是智能体集合；$\{e_{ij}\}=E\subseteq V\times V$ 是智能体之间连接的集合；$\boldsymbol{A}$ 是对应的邻接矩阵。智能体 i 的邻居集由 $N_i=\{v_j|(v_j,v_i)\in E\}$ 定义，$v_i\in V$ 的度和 v_i 相邻点的度的平均值分别由 $d_i=|N_i|$和 m_i 表示。

下面给出高阶协调一致性协议为

$$u_i(t)=\sum_{j\in N_i}a_{ij}\sum_{m=0}^{k-1}\beta_m[x_j^{(m)}(t)-x_i^{(m)}(t)] \tag{4.3}$$

其中，β_m 是正常数，表示该协议的反馈增益。

本章讨论的高阶协调一致性问题定义如下：

定义 4.1 （k阶一致性）对于k阶积分系统网络，若对于任意$\boldsymbol{x}(0)$随着$t\to\infty$，$|x_i^{(m)}(t)-x_j^{(m)}(t)|\to 0$，$m=0,1,\cdots,k-1$，$\forall\, i\neq j$，则称动态群体之间的一致性是全局渐近的。

4.2.2 一般稳定性判据

下面的定理 4.1 给出探寻任意高阶协调一致性的一般稳定性判据。

定理 4.1 考虑一个由n个动态智能体组成的网络，其动力学描述为式（4.1）。设网络$G=(V,E,\boldsymbol{A})$是连通的，每个智能体从邻居接收信息和应用控制式（4.3）。当且仅当下列$(n-1)$多项式$P_i(s)$对于负拉普拉斯矩阵$-\boldsymbol{L}$的非一致性零特征值μ_i（$i\geqslant 2$）是赫尔维茨稳定时，达到k阶一致性。

$$P_i(s)=s^k-\mu_i\sum_{m=0}^{k-1}\beta_m s^m \tag{4.4}$$

证 因为图G连通，G的拉普拉斯矩阵$\boldsymbol{L}$有一个简单零特征值且所有其他的特征值是正实数。因此，$-\boldsymbol{L}$有一个零特征值且所有其他的特征值是负实数。将$-\boldsymbol{L}$的特征值写成$\mu_n\leqslant\mu_{n-1}\leqslant\cdots\leqslant\mu_2<\mu_1=0$的形式。将式（4.3）给出的高阶协调一致性协议代入式（4.1）所述智能体的动力学方程，得

$$\begin{cases}\dot{\boldsymbol{x}}^{(0)}(t)=\boldsymbol{x}^{(1)}(t)\\ \vdots\\ \dot{\boldsymbol{x}}^{(k-2)}(t)=\boldsymbol{x}^{(k-1)}(t)\\ \dot{\boldsymbol{x}}^{(k-1)}(t)=-\boldsymbol{L}\sum\limits_{m=0}^{k-1}\beta_m\boldsymbol{x}^{(m)}(t)\end{cases} \tag{4.5}$$

由于协议的对称性，可知$\overline{x}^{(k-1)}$是一个不变量。注意到，实对称矩阵$-\boldsymbol{L}$有一个完整的实特征向量的标准正交集。因此，对于某个正交的$\boldsymbol{U}$，可以用一个正交相似变换$-\boldsymbol{U}^{\mathrm{T}}\boldsymbol{L}\boldsymbol{U}=\boldsymbol{\mu}$将$-\boldsymbol{L}$对角化，其中，实对角矩阵$\boldsymbol{\mu}=\mathrm{diag}\{\mu_1,\mu_2,\cdots,\mu_n\}$。定义$\boldsymbol{y}^{(m)}(t)=\boldsymbol{U}^{\mathrm{T}}\boldsymbol{x}^{(m)}(t)$。通过上述线性变换，可以将闭环动力学方程解耦为$n$个子系统，即

$$\begin{cases} \dot{y}_i^{(0)}(t) = y_i^1(t) \\ \vdots \\ \dot{y}_i^{(k-2)}(t) = y_i^{(k-1)}(t) \\ \dot{y}_i^{(k-1)}(t) = \mu_i \sum_{m=0}^{k-1} \beta_m y_i^{(m)}(t) \end{cases} \tag{4.6}$$

其中，$i = 1, 2, \cdots, n$，且 $y_i^{(m)}(t)$是 $\boldsymbol{y}^{(m)}(t)$的第 i 个元素。

为了建立高阶协调一致性系统的稳定性，该证明很大程度上依赖频域分析。本章采用拉普拉斯变换分析高阶协调一致性协议的收敛性。根据式（4.6），得

$$s\begin{bmatrix} y_i^{(0)}(s) \\ \vdots \\ y_i^{(k-2)}(s) \\ y_i^{(k-1)}(s) \end{bmatrix} - \begin{bmatrix} y_i^{(0)}(0) \\ \vdots \\ y_i^{(k-2)}(0) \\ y_i^{(k-1)}(0) \end{bmatrix} = \begin{bmatrix} 0 & 1 & \cdots & 0 \\ \vdots & \vdots & \ddots & \vdots \\ 0 & 0 & \cdots & 1 \\ \beta_0\mu_i & \cdots & \beta_{k-2}\mu_i & \beta_{k-1}\mu_i \end{bmatrix} \begin{bmatrix} y_i^{(0)}(s) \\ \vdots \\ y_i^{(k-2)}(s) \\ y_i^{(k-1)}(s) \end{bmatrix} \tag{4.7}$$

其中，s 是拉普拉斯变量。经过简单计算，得

$$\begin{bmatrix} y_i^{(0)}(s) \\ \vdots \\ y_i^{(k-2)}(s) \\ y_i^{(k-1)}(s) \end{bmatrix} = (s\boldsymbol{I}_n - \boldsymbol{\Gamma}_i(s))^{-1} \begin{bmatrix} y_i^{(0)}(0) \\ \vdots \\ y_i^{(k-2)}(0) \\ y_i^{(k-1)}(0) \end{bmatrix} \tag{4.8}$$

其中

$$\boldsymbol{\Gamma}_i(s) = \begin{bmatrix} 0 & 1 & \cdots & 0 \\ \vdots & \vdots & \ddots & \vdots \\ 0 & 0 & \cdots & 1 \\ \beta_0\mu_i & \cdots & \beta_{k-2}\mu_i & \beta_{k-1}\mu_i \end{bmatrix}$$

且 $\boldsymbol{I}_n$ 是 $n \times n$ 的单位矩阵。记 $\boldsymbol{Z}_i(s) = s\boldsymbol{I}_n - \boldsymbol{\Gamma}_i(s)$。设（$s$，$[f_{i0}, \cdots, f_{i(k-2)}, f_{i(k-1)}]^{\mathrm{T}}$）为 $\boldsymbol{Z}_i(s)$ 在频率 s 方向$[f_{i0}, \cdots, f_{i(k-2)}, f_{i(k-1)}]^{\mathrm{T}}$上的一个右 MIMO 传输零点，即

$$\boldsymbol{Z}_i(s)[f_{i0}, \cdots, f_{i(k-2)}, f_{i(k-1)}]^{\mathrm{T}} = \boldsymbol{0}$$

其中，$s \in \mathbf{C}$，且$[f_{i0}, \cdots, f_{i(k-2)}, f_{i(k-1)}]^{\mathrm{T}} \neq \boldsymbol{0}$。然后得

$$\begin{cases} sf_{i0} - f_{i1} = 0 \\ \vdots \\ sf_{i(k-2)} - f_{i(k-1)} = 0 \\ -\mu_i \sum_{m=0}^{k-1} \beta_m f_{im} + sf_{i(k-1)} = 0 \end{cases} \tag{4.9}$$

因此

$$\left[s^k - \mu_i \sum_{m=0}^{k-1} \beta_m s^m \right] f_{i0} = 0 \tag{4.10}$$

显然 $f_{i0} \neq 0$。因此，由式（4.10）可知，式（4.6）所描述的第 i 个子系统的极点可以根据以下重要方程计算，即

$$P_i(s) = s^k - \mu_i \sum_{m=0}^{k-1} \beta_m s^m = 0 \tag{4.11}$$

其中，$i = 1, 2, \cdots, n$。

根据多变量控制理论可以看到，所有智能体的信息状态都达到了全局渐近的高阶一致，当且仅当由式（4.11）给出的除了关于 μ_i 的孤立零极点之外的极点（即高阶协调一致性系统的极点）位于开左半平面。

定理 4.1 证毕。

备注 4.1 多项式 $P_i(s) = s^k - \mu_i \sum_{m=0}^{k-1} \beta_m s^m$ 是一致性问题的基础，因此在本章的其余部分中称为一致性多项式。定理 4.1 明确了一般高阶协调一致性的稳定性与网络拓扑、反馈增益等系统参数之间的严格关系。此外，它还提供了确定任意高阶协调一致性的稳定性的一般步骤。通过建立一致性多项式 $P_i(s)$并考察它们的根，对于所有 $i \geqslant 2$ 的 $P_i(s)$，若 $\mathrm{Re}(s) < 0$，那么可达到渐近一致。

备注 4.2 此外，从定理 4.1 中观察到，Olfati-Saber 等[5]和 Yang 和 Fang[1]共同的假设（即 $G = (V, E, \boldsymbol{A})$是连通的且 β_i 是正数）不再是达到二阶协调一致性的充分条件。随着一致性阶数的增加及智能体高阶动态效应的出现，达到一致性的条件越来越苛刻。

4.2.3　稳定判据的应用

注意到，定理 4.1 完全描述了在一个统一框架中任意高阶协调一致性的动力学行为。因此，它可以用来推导探寻任意特定阶一致性的代数条件。为了说明这个概念，下面考虑四阶一致性探寻问题。

推论 4.1　考虑具有拓扑 $G=(V,E,\boldsymbol{A})$的四阶积分智能体的连通网络。当且仅当满足

$$\mu_2 < \min\{-\beta_1/(\beta_2\beta_3),\ \beta_1^2/[\beta_3(\beta_0\beta_3-\beta_1\beta_2)]\} \tag{4.12}$$

$$\beta_0\beta_3 < \beta_1\beta_2 \tag{4.13}$$

时，由协议式（4.3）作用的网络才能解决四阶一致性问题。

证　对于四阶一致性（即 $k=4$），每个智能体由四阶积分管理，并由分布式协议

$$u_i(t)=\sum_{j\in N_i} a_{ij}\sum_{m=0}^{3}\beta_m[x_j^{(m)}(t)-x_i^{(m)}(t)]$$

驱动达到一致。

根据定理 4.1，条件式（4.12）和条件式（4.13）由下列一致性多项式的劳斯-赫尔维茨判据导出

$$P_i(s)=s^4-\mu_i\beta_3 s^3-\mu_i\beta_2 s^2-\mu_i\beta_1 s-\mu_i\beta_0 \tag{4.14}$$

推论 4.1 证毕。

备注 4.3　为了达到四阶一致性，条件式（4.12）将一致性协议问题从网络结构问题中巧妙地分离出来。该结构根据图拉普拉斯矩阵的特征值只出现在不等式的左边，而一致性协议根据反馈增益只出现在不等式的右边。除了在网络结构和一致性协议之间建立约束外，推论 4.1 还对协议的反馈增益施加额外约束式（4.13）。

备注 4.4　式（4.13）的含义令人有些诧异。例如，如果所有的反馈增益都被设置为一个共同的值，那么无论反馈增益有多大，都无法达成一致性。因此，与常识相反，为了保证高阶协调一致性，增加反馈增益既不充分也不必要。

4.2.4 利用网络拓扑性质的高阶协调一致性的充分条件

当底层网络是由 $G_u=(V, E, \boldsymbol{A}_u)$ 表示的无权图（即忽略网络中连接的权值），我们可以得到如下的一个关于一般性 k 阶一致性的充分条件（定理 4.2）。在这种情况下，拉普拉斯矩阵 $\boldsymbol{L}_u(G_u)=\boldsymbol{D}_u(G_u)-\boldsymbol{A}_u(G_u)$ 是顶点度 $\boldsymbol{D}_u(G_u)$ 的对角矩阵与 0-1 邻接矩阵 $\boldsymbol{A}_u(G_u)$ 的差。此外，图 G_u 的边连通性（即移除连接会导致图失去连通性的最小连接数）用 $e(G_u)$ 表示。下面具体说明高阶协调一致性的可达性与网络拓扑特征之间的关系。

定理 4.2 考虑一个有限 n 个动态智能体组成的网络，其动力学描述为式（4.1）。假设网络 $G_u=(V, E, \boldsymbol{A}_u)$ 连通，每个智能体从其邻居接收信息，并应用控制律式（4.3），如果四个多项式

$$K_1(s)=l_0+l_1s+u_2s^2+u_3s^3+l_4s^4+l_5s^5+\cdots \tag{4.15}$$

$$K_2(s)=u_0+u_1s+l_2s^2+l_3s^3+u_4s^4+u_5s^5+\cdots \tag{4.16}$$

$$K_1(s)=l_0+u_1s+u_2s^2+l_3s^3+l_4s^4+u_5s^5+\cdots \tag{4.17}$$

$$K_1(s)=u_0+l_1s+l_2s^2+u_3s^3+u_4s^4+l_5s^5+\cdots \tag{4.18}$$

是赫尔维茨稳定的，则其达到高阶协调一致性。其中，

$$l_m=2e(G_u)[1-\cos(\pi/n)]\beta_m$$

且

$$u_m=\max\{d_i+m_i \mid v_i\in V\}\beta_m$$

证 考虑 $-\boldsymbol{L}_u$ 的特征值 $\mu_n \leqslant \mu_{n-1} \leqslant \cdots \leqslant \mu_2 < \mu_1=0$，根据 Fiedler[6]和 Merris[7]有

$$\alpha_1=2e(G_u)[1-\cos(\pi/n)]\leqslant -\mu_2 \tag{4.19}$$

$$\alpha_2=\max\{d_i+m_i \mid v_i\in V\}\geqslant -\mu_n \tag{4.20}$$

所以有

$$\alpha_1\beta_m \leqslant -\mu_i\beta_m \leqslant \alpha_2\beta_m \tag{4.21}$$

其中，$i=1,2,\cdots,n$。

令 $l_m=\alpha_1\beta_m$ 和 $u_m=\alpha_2\beta_m$，然后在定理 4.1 中看到，基本一致性多项式

$$P_i(s)=s^k-\mu_i\sum_{m=0}^{k-1}\beta_m s^m=a_{i0}+\cdots+a_{i(k-1)}s^{k-1}+s^k \tag{4.22}$$

的每个系数都必须在指定的

$$l_m \leqslant a_{im} \leqslant u_m \tag{4.23}$$

区间内取值，对于 $i=1,2,\cdots,n$ 且 $m=0,1,\cdots,k-1$。

因此，如果式（4.15）～式（4.18）四个多项式是赫尔维茨稳定的，哈利托诺夫定理[8]保证了对于负拉普拉斯矩阵 $-\boldsymbol{L}_{\mathrm{u}}$ 的所有非零特征值 μ_i（$i\geqslant 2$），其对应的多项式 $P_i(s)$ 都是赫尔维茨稳定的。然后直接应用定理 4.1 完成证明。

定理 4.2 证毕。

备注 4.5 定理 4.2 为检验高阶协调一致性的可达性提供了充分条件，而非必要条件。然而，这一结果在以下三个方面有其优点。首先，关于定理 4.1 的结果有些令人差异的是，虽然原则上是在检验 $(n-1)=O(n)$ 多项式的稳定性（定理 4.1），但如果定理 4.2 中的四个多项式（与网络大小无关）被检验为赫尔维茨稳定的，那么仍然可以得出结论。这意味着，时间复杂度将大幅降低。其次，在实际应用中，对于大规模的现实网络，可以有效地估计或检测网络拓扑的边连通性和度序列。例如，边连通性可以通过边压缩算法[9]计算。最后，从控制器综合的角度可以看出，只要网络的边连通性和 $\max\{d_i+m_i|v_i\in V\}$ 不变，那么反馈收益 β_i 对于网络拓扑结构的扰动具有鲁棒性。

4.2.5 数值实例和仿真结果

本章着重讨论了群体系统中任意高阶协调一致性过程的收敛性。为了说明这些问题，考虑解决含四个智能体网络的四阶一致性问题，其通信图 G 如图 4.1 所示，易知 G 是连通图。假设连接上的数字是图 G 中通信连接的相应权重。此外，这些智能体根据式（4.1）和式（4.3）从随机初始条件开始演化。

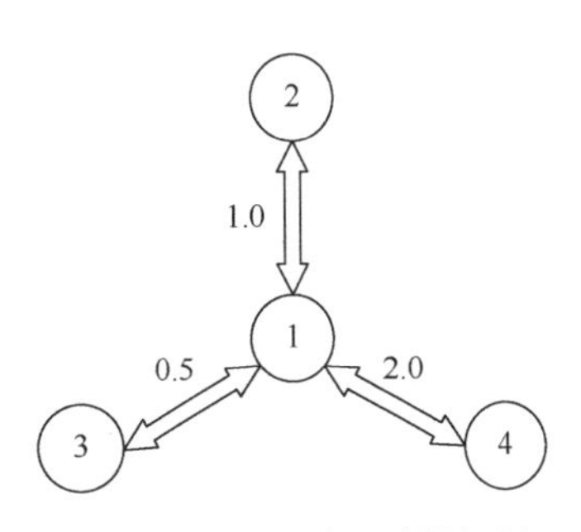

图 4.1 用于四阶一致性问题的无向通信网络 G[10]

注意到 $\mu_2=-0.6013$。在情况 1 中，选择 $\beta_0=1$、

$\beta_1=1$、$\beta_2=3$ 及 $\beta_3=4$，虽然满足推论 4.1 中的条件式（4.12），但是易知不满足条件式（4.13）。若选择情况 2 中的 $\beta_0=1$、$\beta_1=1$、$\beta_2=2$ 和 $\beta_3=1$，则满足条件式（4.13），但是不满足条件式（4.12）。因此，上述两种情况下都无法达到四阶一致性。若选择情况 3 中的 $\beta_0=1$、$\beta_1=1$、$\beta_2=3$ 和 $\beta_3=1$，那么满足推论 4.1 中的所有条件，因此可以达到四阶一致性。

图 4.2、图 4.3、图 4.4 分别表示对于情况 1、2 和 3，系统的状态轨迹 $x_i^{(m)}$ 和整个群体的分歧函数 $e(t)$与不同的反馈增益 β_m（$m=0$，1，2，3）值。注意到，尽管网络拓扑在所有情况下都是连通的，但是网络一致性在情况 1 和 2 中并不稳定，而在情况 3 中是稳定的。因此，反馈增益 β_m 必须要设计得合适以保证一致性。

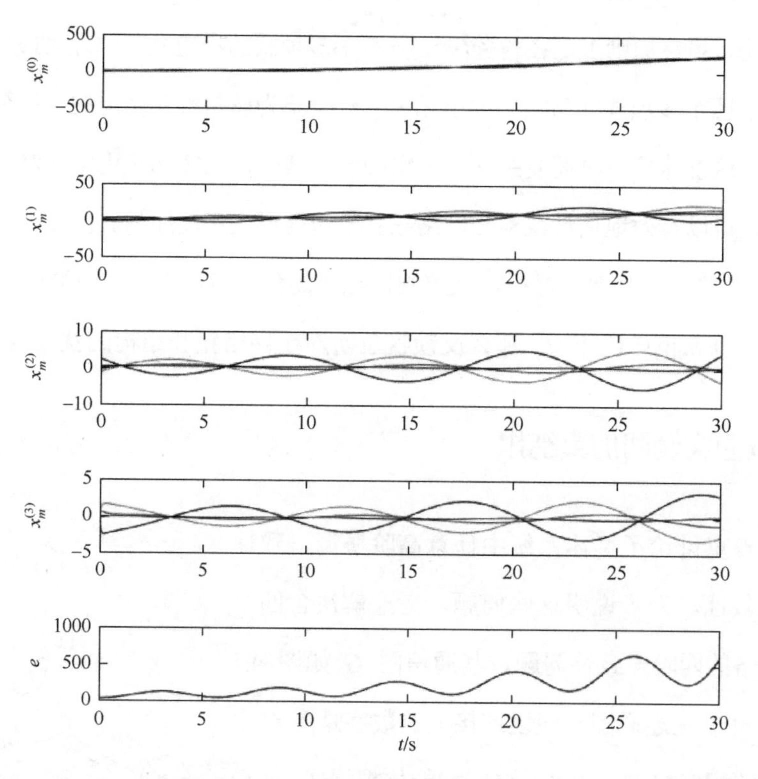

图 4.2 网络 G 上四阶一致性的演化（β_i 的值（情况 1）为 $\beta_0=1$，$\beta_1=1$，$\beta_2=3$ 和 $\beta_3=4$[10]）

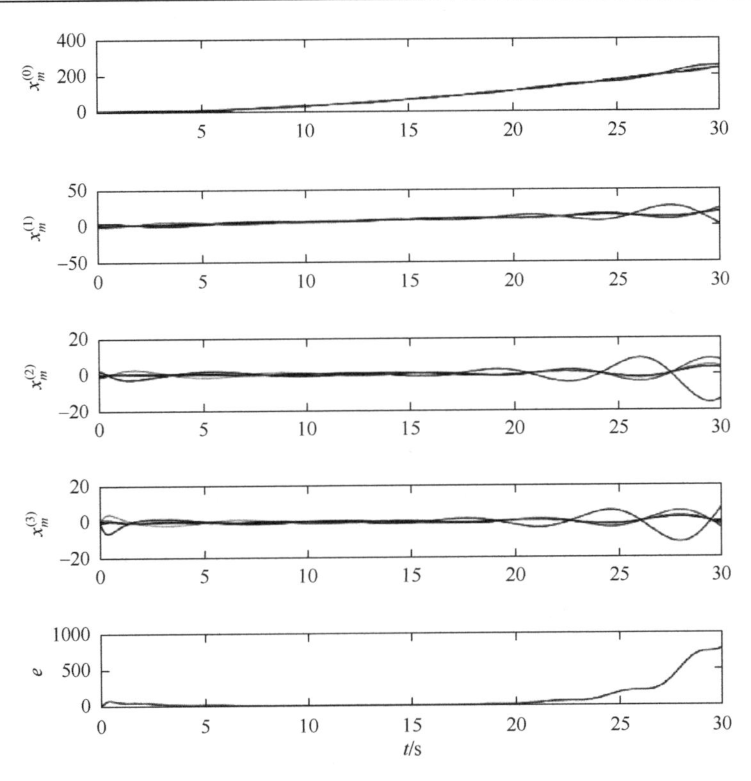

图 4.3　网络 G 上四阶一致性的演化（β_i 的值（情况 2）为 $\beta_0=1$，$\beta_1=1$，$\beta_2=2$ 和 $\beta_3=1$[10]）

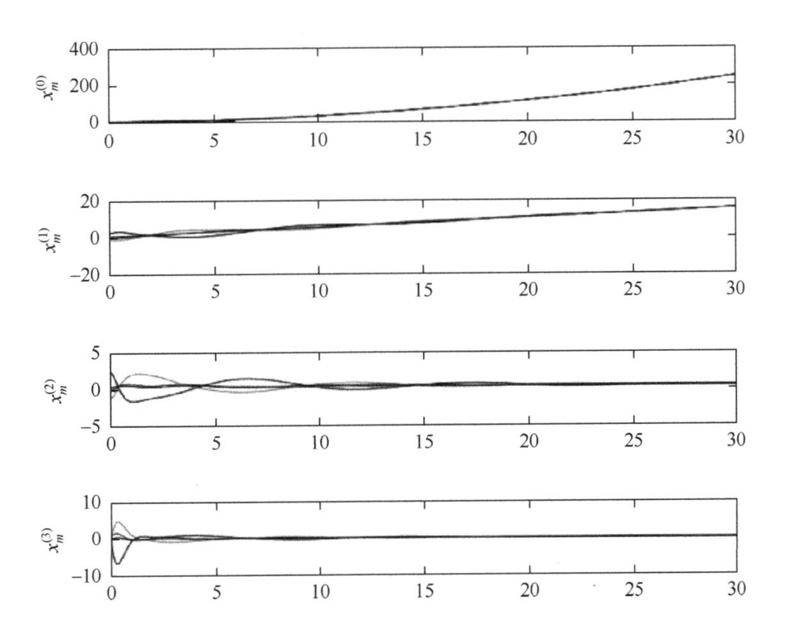

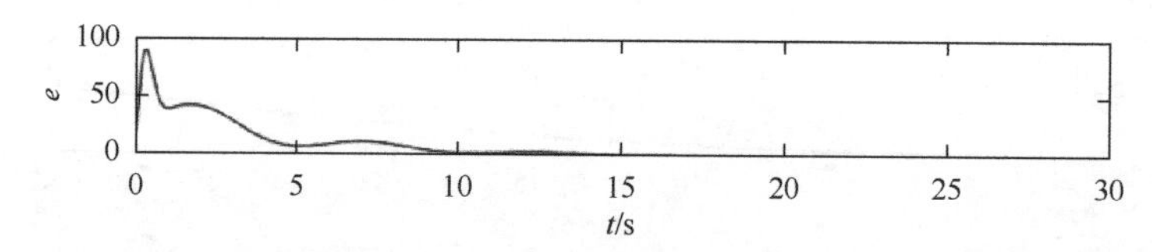

图 4.4　网络 G 上四阶一致性的演化（β_i 的值（情况 3）为 $\beta_0=1$，$\beta_1=1$，$\beta_2=3$ 和 $\beta_3=1$[10]）

4.3　存在时延的多智能体网络中任意高阶协调一致性的稳定切换

本节对 4.2 节的工作进行了扩展，引入具有通信时延的可扩展的任意高阶协调一致性算法。通过频域分析研究稳定切换，建立任意高阶协调一致性与系统参数之间明确的联系，包括底层网络拓扑的拉普拉斯谱、算法的反馈增益和通信约束。本节主要提供一个理论和计算框架，以分析和综合可扩展的存在通信时延的任意高阶协调一致性算法。

本节采用以下可扩展的存在时延的高阶协调一致性协议。

$$u_i(t)=\sum_{j\in N_i}a_{ij}\sum_{m=0}^{k-1}\beta_m[x_j^{(m)}(t-\tau_{ij})-x_i^{(m)}(t-\tau_{ij})] \tag{4.24}$$

其中，β_m 是正常数，表示该协议的反馈增益。

4.3.1　通用稳定切换判据

在本小节中，考虑交互由通信时延影响，具有 k 积分器动态的动态智能体组成的加权网络的高阶协调一致性问题。下面的定理给出具有通信时延的高阶协调一致性的一般形式，并对通用高阶协调一致性的稳定切换与网络拓扑、通信时延和反馈增益等系统参数之间的关系进行深入的分析。

定理 4.3　考虑一个由 n 个动态智能体组成的网络，其动力学描述为式（4.1）。设网络 $G=(V,E,\boldsymbol{A})$是连通的，每个智能体在一个常数时延 $\tau>0$ 后接收来自其邻居的信息且应用控制规律式（4.24），那么下面的结论成立：

（1）若所有的 $K_i(\omega) := \omega^{2k} - \mu_i^2 \left| \sum_{m=0}^{k-1} \beta_m (\mathrm{j}\omega)^m \right|^2 = 0$（$2 \leqslant i \leqslant n$）没有正根，则就没有一致性稳定切换出现，因此若一致性在 $\tau = 0$ 是稳定的，则对于所有 $\tau > 0$ 都保持稳定。若一致性在 $\tau = 0$ 是不稳定的，则对于所有 $\tau > 0$ 都不稳定。

（2）若方程 $K_i(\omega) = 0$ 至少存在一个正根，且每个正根都是简单根，则随着 τ 增加会出现有限数量的一致性稳定切换，最终一致性会变得不稳定。

证　因为图 G 连通，G 的拉普拉斯矩阵 $\boldsymbol{L}$ 有一个简单零特征值且所有其他的特征值是正实数，所以 $-\boldsymbol{L}$ 有一个零特征值且所有其他的特征值是负实数。将 $-\boldsymbol{L}$ 的特征值写成 $\mu_n \leqslant \mu_{n-1} \leqslant \cdots \leqslant \mu_2 < \mu_1 = 0$ 的形式。给定时延高阶算法式（4.24），网络动力学可表示为

$$\begin{cases} \dot{\boldsymbol{x}}^{(0)}(t) = \boldsymbol{x}^{(1)}(t) \\ \quad \vdots \\ \dot{\boldsymbol{x}}^{(k-2)}(t) = \boldsymbol{x}^{(k-1)}(t) \\ \dot{\boldsymbol{x}}^{(k-1)}(t) = -\boldsymbol{L} \sum_{m=0}^{k-1} \beta_m \boldsymbol{x}^{(m)}(t) \end{cases} \tag{4.25}$$

尽管网络中存在非零时延 τ，但仍有 $\overline{x}^{(k-1)}$ 在瞬态过程中是不变量。那么通过合适的线性变换 $\boldsymbol{z}^{(m)}(t) = \boldsymbol{U}^{\mathrm{T}} \boldsymbol{x}^{(m)}(t)$，可以将闭环动力学方程解耦为 n 个非相互作用的子系统，即

$$\begin{cases} \dot{z}_i^{(0)}(t) = z_i^1(t) \\ \quad \vdots \\ \dot{z}_i^{(k-2)}(t) = z_i^{(k-1)}(t) \\ \dot{z}_i^{(k-1)}(t) = \mu_i \sum_{m=0}^{k-1} \beta_m \dot{z}_i^{(m)}(t-\tau) \end{cases} \tag{4.26}$$

其中，$i = 1, 2, \cdots, n$，$z_i^{(m)}(t)$是 $\boldsymbol{z}^{(m)}(t)$的第 i 个元素。为了建立高阶协调一致性系统的稳定性，该证明很大程度上依赖频域分析。通过对最后的方程组进行拉普拉斯变换，得

$$\begin{bmatrix} z_i^{(0)}(\mathrm{s}) \\ \vdots \\ z_i^{(k-2)}(s) \\ z_i^{(k-1)}(s) \end{bmatrix} = (s\boldsymbol{I}_k - \boldsymbol{\Omega}_i(s))^{-1} \begin{bmatrix} z_i^{(0)}(0) \\ \vdots \\ z_i^{(k-2)}(0) \\ z_i^{(k-1)}(0) \end{bmatrix} \tag{4.27}$$

其中，

$$\boldsymbol{\Omega}_i(s)=\begin{bmatrix} 0 & 1 & \cdots & 0 \\ \vdots & \vdots & \ddots & \vdots \\ 0 & 0 & \cdots & 1 \\ \beta_0\mu_i\mathrm{e}^{-\tau s} & \cdots & \beta_{k-2}\mu_i\mathrm{e}^{-\tau s} & \beta_{k-1}\mu_i\mathrm{e}^{-\tau s} \end{bmatrix} \tag{4.28}$$

其中，s 是拉普拉斯变量；$\boldsymbol{I}_k$ 是 $k\times k$ 的单位矩阵。记 $\boldsymbol{\Xi}_i(s)=s\boldsymbol{I}_k-\boldsymbol{\Omega}_i(s)$，设（$s$，$[f_{i0},\cdots,f_{i(k-2)},f_{i(k-1)}]^{\mathrm{T}}$）为 $\boldsymbol{\Xi}_i(s)$在频率 s 方向$[f_{i0},\cdots,f_{i(k-2)},f_{i(k-1)}]^{\mathrm{T}}$上的一个右 MIMO 传输零点，即 $\boldsymbol{\Xi}_i(s)[f_{i0},\cdots,f_{i(k-2)},f_{i(k-1)}]^{\mathrm{T}}=\boldsymbol{0}$，其中，$s\in\mathbf{C}$ 且$[f_{i0},\cdots,f_{i(k-2)},f_{i(k-1)}]^{\mathrm{T}}\neq\boldsymbol{0}$。然后有

$$\begin{cases} sf_{i0}-f_{i1}=0 \\ \vdots \\ sf_{i(k-2)}-f_{i(k-1)}=0 \\ -\mathrm{e}^{-\tau s}\mu_i\sum\limits_{m=0}^{k-1}\beta_m f_{im}+sf_{i(k-1)}=0 \end{cases} \tag{4.29}$$

因此，有

$$\left[s^k-\mathrm{e}^{-\tau s}\mu_i\sum_{m=0}^{k-1}\beta_m s^m\right]f_{i0}=0 \tag{4.30}$$

显然 $f_{i0}\neq 0$。因此，由式（4.30）可知式（4.26）所描述的第 i 个子系统的极点可以根据以下基本的先验方程确定。

$$Q_i(s):=s^k-\mathrm{e}^{-\tau s}\mu_i\sum_{m=0}^{k-1}\beta_m s^m=0 \tag{4.31}$$

其中，$i=1,2,\cdots,n$。

根据式（4.26）注意到，第一个子系统是略微稳定的（对于 $\mu_i=0$）。因此，要使高阶协调一致性稳定，所有其他子系统（对于 μ_i（$2\leqslant i\leqslant n$））都必须渐近稳定。这意味着式（4.31）给出的所有极点（即根）（对于 $2\leqslant i\leqslant n$）要落在开左半平面。因此，考虑方程 $Q_i(s)=0$（对于 $2\leqslant i\leqslant n$）的根的位置就足够了。因为

$$\lim\sup_{\substack{\mathrm{Re}(s)>0\\|s|\to\infty}}\left|s^{-k}\mu_i\sum_{m=0}^{k-1}\beta_m s^m\right|<1 \tag{4.32}$$

所以得出结论：在开右半平面上，$Q_i(s)=0$ 的根的总重数 $D_i(\tau)$是有限的，且只有当根出现在（或穿过）虚轴时 $D_i(\tau)$才会改变。

随着通信时延 τ 增加，根穿过虚轴的情况可能会发生，且方程 $Q_i(s)=0$ 可能从稳定变为不稳定，也可能从不稳定变为稳定。因此，一致性的稳定性可能会发生变化，如此则称已经出现一致性的稳定切换。下面将检查根的位置和它们穿过虚轴时的运动方向。

假设 $s=\mathrm{j}\omega\neq 0$，是式（4.31）的一个根，由于 $M(s):=s^k$ 且 $N_i(s):=-\mu_i\sum_{m=0}^{k-1}\beta_m s^m$（$2\leqslant i\leqslant n$），是实系数多项式，不失一般性地，可以选择 $\omega>0$。式（4.31）表示 $K_i(\omega)=0$，这显然意味着定理 4.3 中的（1）成立。

假设存在方程 $K_i(\omega)=0$（$i\in\Delta\subseteq\{2,3,\cdots,n\}$）有至少一个正根且每个正根都是简单根（$\Delta$是由保证方程式方程 $K_i(\omega)=0$ 具有至少 1 个正根且其正根均为简单根的对应 i 所构成的集合）。此后的讨论仅限于这样一个非空集 $i\in\Delta$。令 $M(\mathrm{j}\omega)=M_R(\omega)+\mathrm{j}M_I(\omega)$且 $N_i(\mathrm{j}\omega)=N_{iR}(\omega)+\mathrm{j}N_{iI}(\omega)$，其中，$M_R$、$M_I$、$N_{iR}$和 N_{iI}是实值函数，那么式（4.31）成立当且仅当

$$\begin{aligned}N_{iR}\cos(\omega\tau)+N_{iI}\sin(\omega\tau)&=-M_R\\N_{iI}\cos(\omega\tau)+N_{iR}\sin(\omega\tau)&=-M_I\end{aligned}\tag{4.33}$$

因此

$$\sin(\omega\tau)=\frac{-M_RN_{iI}-M_IN_{iR}}{|N_i|^2}\tag{4.34}$$

$$\cos(\omega\tau)=\frac{-M_RN_{iR}-M_IN_{iI}}{|N_i|^2}\tag{4.35}$$

当 $0\leqslant\omega\tau<2\pi$ 时，对于 $K_i(\omega)=0$ 的每个根（$i\in\Delta$），可以计算满足式（4.34）和式（4.35）$\tau>0$ 的所有值。假设通过前面的步骤得到了 ω，τ 的值，认为式（4.31）的根 $s(\tau)$是时延 τ 的函数，需要确定当 τ 变化时 $\mathrm{Re}(s(\tau))$的运动方向。即计算

$$\varPhi=\mathrm{sign}\left[\frac{\mathrm{d}}{\mathrm{d}\tau}\mathrm{Re}(s(\tau))\bigg|_{s=\mathrm{j}\omega}\right]=\mathrm{sign}\left[\mathrm{Re}\left(\frac{\mathrm{d}}{\mathrm{d}\tau}s(\tau)\bigg|_{s=\mathrm{j}\omega}\right)\right]\tag{4.36}$$

因为 $Q_i(s)$是 s 和 τ 的解析方程，所以根 $s(\tau)$将是时延 τ 的可微函数，除了在根是重根的点处。

然后式（4.31）关于 τ 的微分给出

$$\left(\frac{\mathrm{d}s}{\mathrm{d}t}\right)^{-1}=-\frac{M'(s)}{sM(s)}+\frac{N_i'(s)}{sN_i(s)}-\frac{\tau}{s} \tag{4.37}$$

它在 $i\in\Delta$ 的式（4.31）的任意简单根 $\mathrm{j}\omega$ 处成立，因此有

$$\begin{aligned}\varPhi&=\operatorname{sign}\left[\operatorname{Re}\left(\frac{\mathrm{d}}{\mathrm{d}\tau}s(\tau)\bigg|_{s=\mathrm{j}\omega}\right)\right]\\&=\operatorname{sign}\operatorname{Re}\left(-\frac{M'(\mathrm{j}\omega)}{\mathrm{j}\omega M(\mathrm{j}\omega)}+\frac{N_i'(\mathrm{j}\omega)}{\mathrm{j}\omega N_i(\mathrm{j}\omega)}-\frac{\tau}{\mathrm{j}\omega}\right)\\&=\operatorname{sign}\operatorname{Re}\left(-\frac{M'(\mathrm{j}\omega)}{\mathrm{j}\omega M(\mathrm{j}\omega)}+\frac{N_i'(\mathrm{j}\omega)}{\mathrm{j}\omega N_i(\mathrm{j}\omega)}\right)\\&=-\operatorname{sign}\operatorname{Im}\left(\frac{M'(\mathrm{j}\omega)}{M(\mathrm{j}\omega)}-\frac{N_i'(\mathrm{j}\omega)}{N_i(\mathrm{j}\omega)}\right)\\&=\operatorname{sign}[-\operatorname{Im}(M'(\mathrm{j}\omega)\bar{M}(\mathrm{j}\omega)-N_i'(\mathrm{j}\omega)\bar{N}_i(\mathrm{j}\omega))]\\&=\operatorname{sign}[M_RM_R'+M_IM_I'-N_{iR}N_{iR}'-N_{iI}N_{iI}']\\&=\operatorname{sign}[K_i'(\omega)]\\&=\operatorname{sign}\left[\frac{\mathrm{d}}{\mathrm{d}\omega}\left(\omega^{2k}-\mu_i^2\left|\sum_{m=0}^{k-1}\beta_m(\mathrm{j}\omega)^m\right|^2\right)\right]\end{aligned} \tag{4.38}$$

式（4.38）中的最后一行是一个中心公式，它明确地与式（4.31）的根的水平移动相关，通信时延 τ 随网络拓扑性质和反馈增益的增大而增大。

假设 $\omega_{i1}>\omega_{i2}>\cdots>\omega_{ip}>0$ 是常数，则 $\mathrm{j}\omega_{id}$（$d=1,2,\cdots,p$）是 $K_i(\omega)=0$ 关于 μ_i（$i\in\Delta$）的简单根，它由式（4.34）和式（4.35）确定的时延值 τ_{idr}（$r=1,2,\cdots$）在 $\mathrm{j}\omega_{id}$ 处穿过虚轴，在每次穿越时，半平面 $\mathrm{Re}(s)>0$ 的根的数量变化 2，因为根以共轭对出现。因为 K_i'（ω_{id}）和 K_i'（$\omega_{i(d+1)}$）的符号相反，由此观察到，在两个相邻的单根 $\mathrm{j}\omega_{id}$ 和 $\mathrm{j}\omega_{i(d+1)}$ 处穿越一定是在相反的运动方向上。此外，对于在给定的根 $\mathrm{j}\omega_{id}$ 处穿越，相邻时延值之间的差是 $\tau_{id(r+1)}-\tau_{idr}=2\pi/\omega_{id}$。因此，平均来说，穿越发生在 $\mathrm{j}\omega_{i1}$ 点最频繁，次频繁点是 $\mathrm{j}\omega_{i2}$，……，在 $\mathrm{j}\omega_{ip}$ 点最不频繁。这意味着，在 $\mathrm{j}\omega_{i(2q+1)}$ 处的穿越一定是在右边，而在 $\mathrm{j}\omega_{i(2q)}$ 处的穿越一定是在左边，那么随着 τ 增加，一致性稳定切换的有限数量会增加，最终一致性变得不稳定。这显然意味着定理 4.3 中的（2）是正确的。

定理 4.3 证毕。

4.3.2　高阶协调一致性最大可容许通信时延

定理 4.3 给出增加通信时延如何影响任意高阶一致性稳定性的相当普遍和精确的概念，并阐明了底层网络的图的拉普拉斯谱与所给出的一致性算法的收敛性之间的关系。此外，其给出的证明方法介绍了一种确定一致性稳定切换可能发生时延 τ 的临界值的方法。有了定理 4.3，甚至可以得到具有特定阶的一致性问题的最大可容许通信时延的封闭式解析结果。

下面将分别介绍 Olfati-Saber 和 Murray[11]关于一阶协调一致性和 Yang 和 Fang[11]关于二阶协调一致性工作的现有结果。可以证明，这两个表述是本小节中推导出的定理 4.3 的常规推论。

推论 4.2[11]　考虑一个一阶积分器智能体组成的网络。假设网络 $G=(V,E,\boldsymbol{A})$连通，每个智能体在一个常数时延 $\tau>0$ 后接收来自其邻居的信息且应用控制律式（4.24）。那么该网络达到一阶协调一致性，当且仅当 $\tau\in[0,\tau^*)$与

$$\tau^* = -\frac{\pi}{2\beta_0\mu_n} \tag{4.39}$$

推论 4.3[12]　考虑一个二阶积分器智能体组成的网络。假设网络 $G=(V,E,\boldsymbol{A})$是连通的，每个智能体在一个常数时延 $\tau>0$ 后接收来自其邻居的信息且应用控制律式（4.24）。那么该网络达到二阶协调一致性，当且仅当 $\tau\in[0,\tau^*)$与

$$\tau^* = \min_{2\leqslant i\leqslant n}\left\{\arctan\frac{(\beta_1\omega_i/\beta_0)}{\omega_i}\right\} \tag{4.40}$$

其中，

$$\omega_i = \left[\frac{(\mu_i^2\beta_1^2+(\mu_i^4\beta_1^4+4\mu_i^2\beta_0^2)^{1/2})}{2}\right]^{1/2} \tag{4.41}$$

接着给出具有时延的多智能体网络中三阶一致性稳定性的充要条件，旨在说明定理 4.4 如何应用于具有特定阶的一致性问题。

推论 4.4　考虑一个三阶积分器智能体组成的网络。假设网络 $G=(V,E,\boldsymbol{A})$是连

通的，每个智能体在一个常数时延 $\tau>0$ 后接收来自其邻居的信息且应用控制律式（4.42）。假设网络拓扑和反馈增益满足以下条件，即

$$\begin{aligned}&(1)\ \mu_2<-\frac{\beta_0}{\beta_1\beta_2}\\&(2)\ \beta_1^2-2\beta_0\beta_2>0\end{aligned}\tag{4.42}$$

那么网络达到三阶一致性，当且仅当 $\tau\in[0,\tau^*)$与

$$\tau^*=\min_{2\leqslant i\leqslant n}\left\{\frac{\theta_i}{\omega_i}\right\}\tag{4.43}$$

其中，ω_i 和 θ_i 由式（4.44）～式（4.46）给出。

证明　对于三阶一致性，有 $k=3$、$M(s)=s^3$ 且 $N_i(s)=-\mu_i\sum_{m=0}^{2}\beta_m s^m$。当 $\tau=0$ 时，式（4.31）退化为

$$s^3-\mu_i\beta_2 s^2-\mu_i\beta_1 s-\mu_i\beta_0=0$$

该式对于不恒等的零特征值 μ_i（$2\leqslant i\leqslant n$）是赫尔维茨稳定的，当且仅当假设（2）成立。当 $\tau>0$ 时，方程

$$K_i(\omega)=\omega^6-\mu_i^2\beta_2^2\omega^4-\mu_1^2(\beta_1^2-2\beta_0\beta_2)\omega^2-\mu_i^2\beta_0^2=0\tag{4.44}$$

是 ω^2 的三次方程，因此三次形式可以应用于求解封闭解。此外，根据笛卡儿符号规则可以看到，假设（2），ω^2 的三次方程对所有 $2\leqslant i\leqslant n$ 都有一个正的实数根，因此保证了原式（4.44）的正实根 $\omega_i>0$ 的存在性和唯一性。那么在 $\mathrm{j}\omega_i$ 处的穿越必然在右边。使用式（4.34）和式（4.35），关键通信时延 τ 可以由下式给出为

$$\sin\theta=\frac{\omega^3(\beta_0-\beta_2\omega^2)}{\mu_i[(\beta_0-\beta_2\omega^2)^2+\beta_1^2\omega^2]}\tag{4.45}$$

$$\cos\theta=\frac{-\omega^3\beta_1\omega}{\mu_i[(\beta_0-\beta_2\omega^2)^2+\beta_1^2\omega^2]}\tag{4.46}$$

其中，$0\leqslant\theta\leqslant2\pi$。然后得到 τ_{ir} 对应于 μ_i 的一组值，其中，有虚根为

$$\tau_{ir}=\frac{\theta_i}{\omega_i}+\frac{2r\pi}{\omega_i}\tag{4.47}$$

其中，$r=0,1,2,\cdots$。

因此，时延上严格上界的显式表达式由 $\tau^*=\min_{2\leqslant i\leqslant n}\{\theta_i/\omega_i\}$ 给出。从定理 4.4 中

得出结论：当 $0 \leqslant \tau \leqslant \tau^*$ 时，一致性是稳定的；当 $\tau > \tau^*$ 时，一致性不稳定。此外，当 $\tau = \tau^*$ 时，系统有一个全局渐近稳定振荡解。

推论 4.4 证毕。

备注 4.6　最大容许通信时延是达到一致性的基本性能度量，因此在群体系统的分布式协调设计中起着重要的作用。前面已经表明，通信约束以相当复杂的方式影响高阶协调一致性过程的稳定性。结果表明，动态网络的最优（或次最优）反馈增益和网络拓扑可以综合，使动态网络对通信时延的高阶协调一致性鲁棒性最大化。

4.3.3　数值实例和仿真结果

本小节表明，对于任意高阶协调一致性，分布式算法对网络中存在的通信时延具有鲁棒性。为了说明这一点，考虑解决四智能体网络的四阶一致性问题，其通信图 G 如图 4.5 所示。

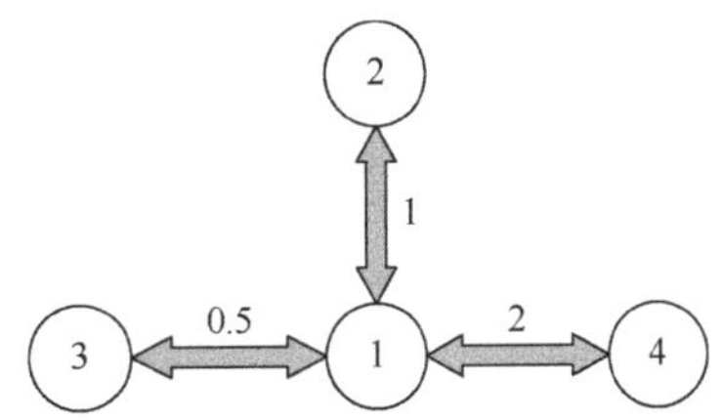

图 4.5　用于四阶一致性问题的无向通信图 G[128]

假设连接上的数字是图 G 中通信连接的相应权重，而通信时延 $\tau \geqslant 0$ 是时不变的。此外，这些智能体根据式（4.1）和式（4.24）从随机初始条件开始演化，初始条件可以是任意定义在 $[-\tau, 0]$ 上的连续函数。算法参数被赋值为 $\beta_0 = 1$、$\beta_1 = 1$、$\beta_2 = 3$ 和 $\beta_3 = 1$。根据定理 4.4，有 $k = 4$，$M(s) = s^4$ 且 $N_i(s) = -\mu_i \sum_{m=0}^{3} \beta_m s^m$。然后所有的方程 $K_i(\omega) = 0$，$2 \leqslant i \leqslant 4$ 对于所有的 $\omega_2 = 0.1760$、$\omega_3 = 2.0311$，和 $\omega_4 = 5.6174$ 都恰有一个正实根。因此，对于所有的 $Q_i(s) = 0$ 在 $\mathrm{j}\omega_i$ 处的穿越一定是向右的。此外，当 $\tau = 0$ 时，一致性是稳定的，因为特征多项式

$$P_i(s) = s^4 - \mu_i \beta_3 s^3 - \mu_i \beta_2 s^2 - \mu_i \beta_1 s - \mu_i \beta_0 \tag{4.48}$$

对于不恒等零特征值是赫尔维茨稳定的。因此，随着通信时延 τ 的增加，恰有一个一致性稳定切换出现且一致性在该切换之后变得不稳定。使用式（4.34）和式（4.35），切换点（时延的严格上限）由 $\tau^* \approx 0.1208$ 给出。

在第一个仿真实验中，选择略低于 τ^*的时延 $\tau=0.12$。然后，定理 4.4 保证了四阶一致性，从图 4.6 可以验证这个结果，其表明了四阶一致性系统的演化。在第二个仿真实验中，用 $\tau=0.13$，因此有 $\tau>\tau^*$。正如本小节理论所预测的，动态变得不稳定，并且无法达到四阶一致性，结果可[12]见图 4.7。

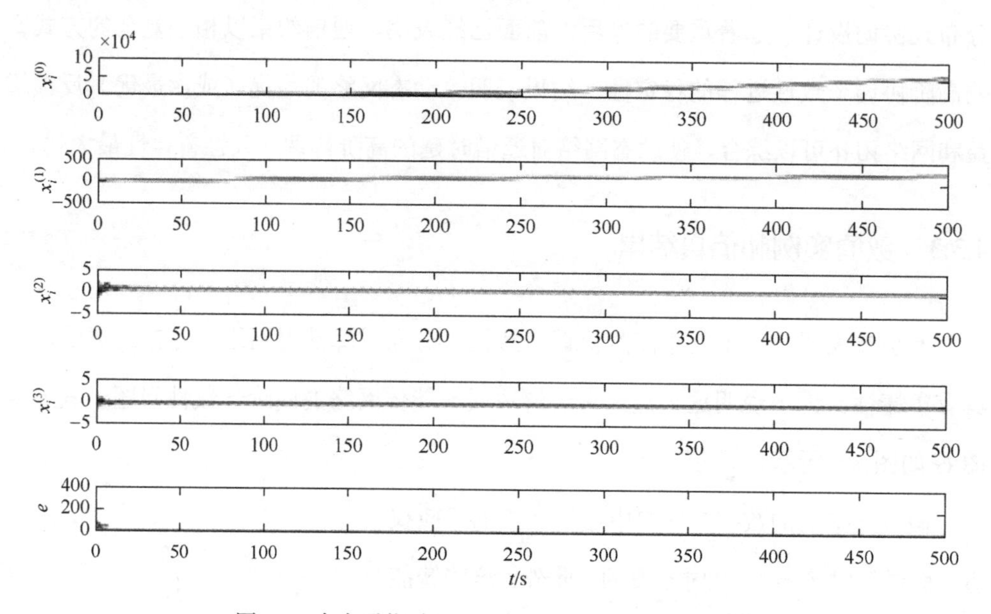

图 4.6　存在通信时延 $\tau=0.12$ 的四阶一致性演化[12]

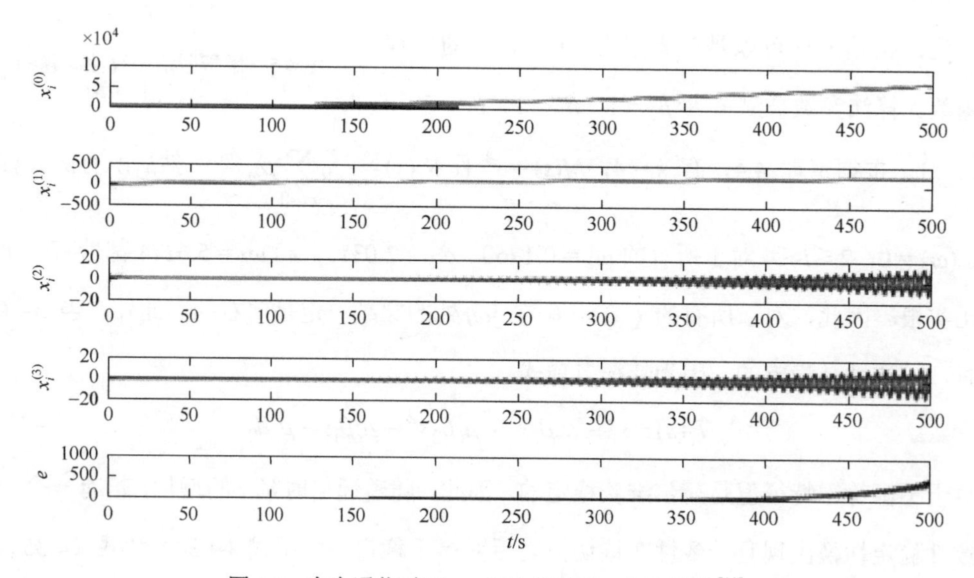

图 4.7　存在通信时延 $\tau=0.13$ 的四阶一致性演化[12]

4.4 小　　结

本章采用频域方法，对群体系统的高阶协调一致性问题进行了严格和常规的收敛分析，给出任意高阶协调一致性的稳定性的充要条件，以及检验这些条件的算法。通过利用底层拓扑特性，给出达到高阶协调一致性所需时间复杂度的充分条件。通过以通信时延 τ 作为参数，考察了过虚轴时极点的位置和运动方向，建立了任意高阶协调一致性稳定切换的核心结论，即定理 4.4，还介绍了一种系统的方法来确定通信时延 τ 的临界值，在该临界值时（若临界值存在）会发生一致性的稳定切换。给出在适当假设条件下，一致性稳定性达到三阶的充要条件，目的是展示定理 4.4 如何应用于特定阶的一致性问题，数值模拟结果验证了本章的理论结果和分析工具的有效性。本章的主要结果详见作者发表的相关论文[10, 12]。

参 考 文 献

[1] YANG B，FANG H. Forced consensus in networks of double integrator systems with delayed input [J]. Automatica，2010，46（3）：629-632.

[2] YANG B，FANG H J，Wang H. Second-order consensus in networks of dynamic agents with communication time-delays [J]. Journal of Systems Engineering and Electronics，2010，21（1）：88-94.

[3] REN W. Consensus strategies for cooperative control of vehicle formations [J]. IET Control Theory & Applications，2007，1（2）：505-512.

[4] REN W，MOORE K L，Chen Y. High-order and model reference consensus algorithms in cooperative control of multivehicle systems [J]. Journal of Dynamic Systems，Measurement，and Control，2007，129（5）：678.

[5] OLFATI-SABER R，FAX J A，MURRAY R M. Consensus and cooperation in networked multi-agent systems [J]. Proceedings of the IEEE，2007，95（1）：215-233.

[6] FIEDLER M. Algebraic connectivity of graphs [J]. Czechoslovak Mathematical Journal，1976，23（98）：298-305.

[7] MERRIS R. A note on Laplacian graph eigenvalues [J]. Linear Algebra and Its Applications，1998，285（1）：33-35.

[8] DASGUPTA S. Kharitonov's theorem revisited [J]. Systems & Control Letters，1988，11（5）：381-384.

[9] KARGER D R，Stein C. A new approach to the minimum cut problem [J]. Journal of the Acm，1996，43（4）：601-640.

[10] YANG B. High-order consensus seeking：a frequency domain approach [J]. Applied Mathematics & Information Sciences，2014，8（4）：1829-1835.

[11] OLFATI-SABER R，Murray R M. Consensus problems in networks of agents with switching topology and time-delays [J]. IEEE Transactions on Automatic Control，2004，49（9）：1520-1533.

[12] YANG B. Stability switches of arbitrary high-order consensus in multiagent networks with time delays [J]. Scientific World Journal，2013，2013：1-7.

第5章　群体系统受迫二阶协调一致性

5.1　概　　述

二阶协调一致性问题是一阶协调一致性问题的自然延伸，受到了广泛关注。对于双积分系统[1]网络的二阶协调一致性，已经设计了一种分布式算法，使整个动态网络的信息状态收敛到一个一致值，而它们的时间导数收敛到另一个一致值。受迫二阶协调一致性扩展了这一问题，意味着系统不仅达到二阶协调一致性，而且其时间导数收敛到一个预先定义的参考值。例如，在多个海洋潜航器的编队控制中，人们期望所有速度（即潜航器位置的时间导数）收敛到期望的值，很少有考虑到受迫二阶协调一致性的相关研究。Ren[2, 3]虽然考虑了受迫协议，却没有解决智能体之间的通信时延问题。

本章的重点是考虑当通信受到时延影响时，具有双积分动力学的无向加权动态智能体网络的受迫二阶协调一致性问题。同样，采用频域方法来处理这个问题，通过频域分析，可以证明当网络连通时，动态智能体网络在适当的通信时延条件下，可以渐近地达到受迫二阶一致。相关理论结果是在网络智能体之间存在固定通信时延的严格上界上给出的，使得系统仍然可以达到受迫二阶一致。

5.2　受迫二阶协调一致性协议

考虑n个动态智能体，其动力学描述由下式给出。

$$\begin{aligned}\dot{p}_i(t)&=q_i(t)\\ \dot{q}_i(t)&=u_i(t)\end{aligned}\tag{5.1}$$

其中，$i=1, 2, \cdots, n$，$p_i(t)\in\mathbf{R}$，$q_i(t)\in\mathbf{R}$分别表示智能体i的信息状态及其时间导数；$u_i(t)\in\mathbf{R}$ 表示控制输入。将整个动态网络的信息状态及其时间导数分别定义为

$\boldsymbol{p}(t)=[p_1(t), p_2(t), \cdots, p_n(t)]^{\mathrm{T}}$和$\boldsymbol{q}(t)=[q_1(t), q_2(t), \cdots, q_n(t)]^{\mathrm{T}}$。智能体之间的信息交换可以通过加权无向图$G=(V, E, \boldsymbol{A})$自然建模。假设每个智能体$i$在一个常数时延$\tau\geqslant 0$后接收来自其邻居的信息。

下面给出受迫二阶协调一致性协议为

$$u_i=\sum_{j\in N_i} a_{ij}[\beta_0(p_j(t-\tau)-p_i(t-\tau))+\beta_1(q_j(t-\tau)-q_i(t-\tau))]+\dot{q}^*(t)-k(q_i(t)-q^*(t)) \tag{5.2}$$

其中，k、β_0、β_1是正常数，表示反馈增益；$q^*(t)$是$q_i(t)$的参考值。

本章讨论的受迫二阶协调一致性问题定义如下：

定义 5.1 对于双积分系统网络，若对于任意$p_i(0)$，$q_i(0)$，随着$t\to\infty$，$|p_i(t)-p_j(t)|\to 0$，$\forall i\neq j$，并且$|p_i(t)-q^*(t)|\to 0$，$\forall i$，则称动态智能体之间的受迫二阶协调一致性是全局渐近的。

5.3 达到受迫二阶一致的时延条件

本节给出达到受迫二阶一致的时延条件并给出证明。

定理 5.1 考虑n个动态智能体，其动态描述由式（5.1）给出。假设网络是连通的，每个智能体在一个常数时延$\tau\geqslant 0$后接收来自其邻居的信息且应用控制律式(5.2)，那么会达到受迫二阶一致，当且仅当满足$\tau\in[0, \tau^*)$与

$$\tau^*=\min_{i>1}\left\{\arctan\left(\frac{\beta_1\eta_i}{\beta_0}\right)+\arctan\left(\frac{k\eta_i}{\eta_i}\right)\right\}$$

其中，μ_i是矩阵$-\boldsymbol{L}$的第i个特征值，且

$$\eta_i=\left\{\left[-(k^2-\mu_i^2\beta_1^2)+[(k^2-\mu_i^2\beta_1^2)^2+4\mu_i^2\beta_0^2]^{1/2}\right]/2\right\}^{1/2}。$$

证 由于图G连通，拉普拉斯矩阵$\boldsymbol{L}$有一个简单的零特征值，其他特征值都是正实数。因此，矩阵$-\boldsymbol{L}$恰有一个零特征值，其他特征值都是负实数，那么可以把$-\boldsymbol{L}$的特征值写成$\mu_n\leqslant\mu_{n-1}\leqslant\cdots\leqslant\mu_2<\mu_1=0$的形式。记$p^*(t):=\int_0^t q^*(\sigma)\mathrm{d}\sigma$、$\tilde{p}_i(t):=$

$p_i(t)-p^*(t)$ 且 $\tilde{q}_i(t):=q_i(t)-q^*(t)$。将式（5.2）给出的受迫二阶协调一致性协议代入由式（6.1）给出的动力学方程中，得

$$\begin{aligned}&\dot{\tilde{\boldsymbol{p}}}=\tilde{\boldsymbol{q}}(t)\\&\dot{\tilde{\boldsymbol{q}}}(t)=-\beta_0\boldsymbol{L}\tilde{\boldsymbol{p}}(t-\tau)-\beta_1\boldsymbol{L}\tilde{\boldsymbol{q}}(t-\tau)-k\tilde{\boldsymbol{q}}(t)\end{aligned}\tag{5.3}$$

其中，$\tilde{\boldsymbol{p}}(t)=[\tilde{p}_1(t),\tilde{p}_2(t),\cdots,\tilde{p}_n(t)]^{\mathrm{T}}$；$\tilde{\boldsymbol{q}}(t)=[\tilde{q}_1(t),\tilde{q}_2(t),\cdots,\tilde{q}_n(t)]^{\mathrm{T}}$。注意到，实对称矩阵$-\boldsymbol{L}$ 有一个完整的实特征向量的标准正交集。因此，对于某个正交的 $\boldsymbol{U}$，可以用一个正交相似变换$-\boldsymbol{U}^{\mathrm{T}}\boldsymbol{L}\boldsymbol{U}=\boldsymbol{\mu}$ 将$-\boldsymbol{L}$ 对角化，其中，实对角矩阵 $\boldsymbol{\mu}=\mathrm{diag}\{\mu_1,\mu_2,\cdots,\mu_n\}$。定义 $\overline{\boldsymbol{p}}(t):=\boldsymbol{U}^{\mathrm{T}}\tilde{\boldsymbol{p}}(t)$ 且 $\overline{\boldsymbol{q}}(t):=\boldsymbol{U}^{\mathrm{T}}\tilde{\boldsymbol{q}}(t)$，通过上述线性变换，可以将闭环动力学方程解耦为 n 个非相互作用的子系统，即

$$\begin{aligned}&\dot{\overline{p}}_i(t)=\overline{q}_i(t)\\&\dot{\overline{q}}_i(t)=\beta_0\mu_i\overline{p}_i(t-\tau)+\beta_1\mu_i\overline{q}_i(t-\tau)-k\overline{q}_i(t)\end{aligned}\tag{5.4}$$

其中，$i=1,2,\cdots,n$，$\overline{p}_i(t)$ 和 $\overline{q}_i(t)$ 分别是 $\overline{\boldsymbol{p}}(t)$ 和 $\overline{\boldsymbol{q}}(t)$ 的第 i 个元素。

为了建立受迫二阶协调一致性系统的稳定性，证明过程很大程度上依赖频域分析。本章采用拉普拉斯变换来分析受迫二阶协调一致性协议的收敛性。根据式（5.4），得

$$s\begin{bmatrix}\overline{p}_i(s)\\\overline{q}_i(s)\end{bmatrix}-\begin{bmatrix}\overline{p}_i(0)\\\overline{q}_i(0)\end{bmatrix}=\begin{bmatrix}0&1\\\mathrm{e}^{-\tau s}\beta_0\mu_i&\mathrm{e}^{-\tau s}\beta_1\mu_i-k\end{bmatrix}\begin{bmatrix}\overline{p}_i(s)\\\overline{q}_i(s)\end{bmatrix}\tag{5.5}$$

其中，s 是拉普拉斯变量。经过简单计算，得

$$\begin{bmatrix}\overline{p}_i(s)\\\overline{q}_i(s)\end{bmatrix}=(s\boldsymbol{I}_2-\boldsymbol{\Gamma}_i(s))^{-1}\begin{bmatrix}\overline{p}_i(0)\\\overline{q}_i(0)\end{bmatrix}\tag{5.6}$$

其中，$\boldsymbol{\Gamma}_i(s)=\begin{bmatrix}0&1\\\mathrm{e}^{-\tau s}\beta_0\mu_i&\mathrm{e}^{-\tau s}\beta_1\mu_i-k\end{bmatrix}$ 且 $\boldsymbol{I}_2$ 是 2×2 的单位矩阵。记 $\boldsymbol{Z}_i(s):=s\boldsymbol{I}_2-\boldsymbol{\Gamma}_i(s)$，设$(s,[f_i,g_i]^{\mathrm{T}})$为 $\boldsymbol{Z}_i(s)$在频率 s 方向$[f_i,g_i]^{\mathrm{T}}$ 上的一个右 MIMO 传输零点，即 $\boldsymbol{Z}_i(s)[f_i,g_i]^{\mathrm{T}}=\boldsymbol{0}$，其中，$s\in\mathbf{C}$ 且$[f_i,g_i]^{\mathrm{T}}\neq\boldsymbol{0}$。然后，得

$$\begin{aligned}&g_i=sf_i\\&\mathrm{e}^{-\tau s}\beta_0\mu_i f_i+\mathrm{e}^{-\tau s}\beta_1\mu_i g_i-kg_i=sg_i\end{aligned}\tag{5.7}$$

因此

$$[\mu_i\mathrm{e}^{-\tau s}(\beta_0+\beta_1 s)-s^2-ks]f_i=0\tag{5.8}$$

显然$f_i \neq 0$，因此式（5.8）表明式（5.4）所描述的第i个子系统的极点可以根据以下重要方程计算。

$$s^2 + ks = \mu_i \mathrm{e}^{-\tau s}(\beta_0 + \beta_1 s) \tag{5.9}$$

根据多变量控制理论，所有智能体的信息状态都达到了全局渐近一致，且$|p_i(t) - q^*(t)| \to 0$，$\forall i$，当且仅当由式（5.9）给出的除了孤立零极点之外的极点位于开左半平面。当$\tau = 0$时，式（5.9）退化为

$$s^2 + (k - \beta_1 \mu_i)s - \beta_0 \mu_i = 0$$

且第i个子系统的极点是

$$\left\{(\beta_1 \mu_i - k) \pm [(\beta_1 \mu_i - k)^2 + 4\beta_0 \mu_i]^{1/2}\right\} \Big/ 2$$

由于$\mu_n \leqslant \mu_{n-1} \leqslant \cdots \leqslant \mu_2 < \mu_1 = 0$的事实，关于$\mu_1$的极点为0和$-k$；然而关于$\mu_i$（$i>1$）的极点有负实部，即$\mathrm{Re}(s(\mu_i)) < 0$，$i = 1, 2, \cdots, n$。因此，上述参数自然满足（当然，连通的拓扑是必要的），达到受迫二阶一致。当$\tau > 0$时，给出的协议不能保证受迫二阶一致，除非通信时延τ小于某个给定上界。注意，关于μ_1的极点不依赖时延τ，因此考虑μ_i（$i>1$）的情况就足够了。时延τ的严格上界可以由以下确定。

下面求时延$\tau > 0$的最小值，使$\boldsymbol{Z}_i(s)$在虚轴上有若干零点。令式（5.9）中$s = \mathrm{j}\omega$，有

$$-\omega^2 + \mathrm{j}k\omega = \mu_i \mathrm{e}^{-\mathrm{j}\omega\tau}(\beta_0 + \beta_1 \mathrm{j}\omega) \tag{5.10}$$

假设$\omega > 0$，使用式（5.10），有

$$-\mu_i(\beta_0^2 + \beta_1^2 \omega^2)^{1/2} = (\omega^4 + k^2 \omega^2)^{1/2} \tag{5.11}$$

$$\arctan(\beta_1 \omega / \beta_0) - \omega\tau = -\arctan(k / \omega) + 2l\pi \tag{5.12}$$

其中，$l = 0, \pm 1, \pm 2, \cdots$。根据式（5.11），得

$$\omega = \left\{\{-(k^2 - \mu_i^2 \beta_1^2) + [(k^2 - \mu_i^2 \beta_1^2)^2 + 4\mu_i^2 \beta_0^2]^{1/2}\} / 2\right\}^{1/2} := \eta_i > 0 \tag{5.13}$$

比较式（5.12）和式（5.13），有

$$\tau = \left(\arctan\left(\frac{\beta_1 \eta_i}{\beta_0}\right) + \arctan\left(\frac{k}{\eta_i}\right) - 2l\pi \right) \Big/ \eta_i \tag{5.14}$$

因为 $\eta_i>0$，所以有

$$0<\arctan\left(\frac{\beta_1\eta_i}{\beta_0}\right)+\arctan\left(\frac{k}{\eta_i}\right)<\pi \tag{5.15}$$

因此最小的 $\tau=0$ 出现在 $l=0$ 处，且由下式给出为

$$\tau^*=\min_{i>1}\left\{\left[\arctan\left(\frac{\beta_1\eta_i}{\beta_0}\right)+\arctan\left(\frac{k}{\eta_i}\right)\right]\Big/\eta_i\right\} \tag{5.16}$$

对于 $\omega<0$ 的情况，可以重复相似的论证得到相同的结论。

因为对于 $\tau=0$，式（5.9）所有的根除了 $s=0$ 都位于开左半平面，并且式（5.9）在时延 τ 上的根具有连续依赖性，所以对于所有 $\tau\in[0,\tau^*)$，式（5.9）在 $i>1$ 时的根在开左半平面。因此，第一个子系统（对于 $i=1$）是略微稳定的，而所有其他子系统（对于 $i>1$）都是渐近稳定的[4]，那么受迫二阶协调一致性系统的根除了 $s=0$ 在给定条件下均在开左半平面，都是稳定的。因此，其达到受迫二阶协调一致性。此外，$\boldsymbol{q}(t)$在 $\tau=\tau^*$时具有全局渐近稳定振荡解。

定理 5.1 证毕。

备注 5.1　注意到，受迫二阶协调一致性网络的动力学可以转为具有恒定时延的线性系统状态空间描述。虽然 $\boldsymbol{Z}_i(s)$不是一个多项式传递函数矩阵（因为它有无穷多个传输零点），但可以得出动态网络的受迫二阶协调一致性仍然遵循泛函微分方程的稳定性理论[4]。

备注 5.2　虽然本节只讨论了受迫二阶协调一致性的恒定时延的情况，但所给出的方法可以扩展到使用缓冲方法处理时变时延的情况，关键思想是将时变通信时延转化为最大固定时延。当时变通信时延为上界时，可以将接收到的数据保存在缓冲区，等待最大时延信号触发。这样，对于具有这种时变时延的系统，仍然可以实现固定时延系统的协议，以这种方式用于恒定时延系统的协议仍然可以应用到具有这种时变时延的系统。

备注 5.3　在整个网络中寻找全局最大时延并不是一项简单的任务。这种困难可以通过一阶最大一致性动力过程以分布式方式克服。所有连接的最大延迟的完美全

局认知可以通过两步过程传递给所有智能体，基本思想如下：首先，通过将带有时间标签的数据包发送到相邻的智能体，求出每个智能体的局部最大时延，因此全局最大时延是智能体间局部最大时延的最大值。其次，采用分布式一阶最大一致性算法，将各智能体在第一步中获得的最大延迟由局部认知驱动到全局认知。

备注 5.4 动态网络所能容许的最大固定通信时延在群体系统的分布式协调设计中起着重要的作用。如式（5.16）所示，严格上限取决于反馈收益 β_0、β_1、k 和网络拓扑复杂的结构。这一结果表明，在受迫二阶协调一致性协议中定义的最优反馈增益可以使动态网络对通信时延的一致鲁棒性最大化。因此，从这个意义上讲，它可以阐明整个分布式协调设计。

5.4 实例和仿真结果

应当注意，5.3 节的结果表达了受迫二阶协调一致性协议对网络中存在的通信时延的鲁棒性。为了说明这个概念，考虑解决包含四个智能体网络的受迫二阶协调一致性问题，其通信图 G 如图 5.1 所示。

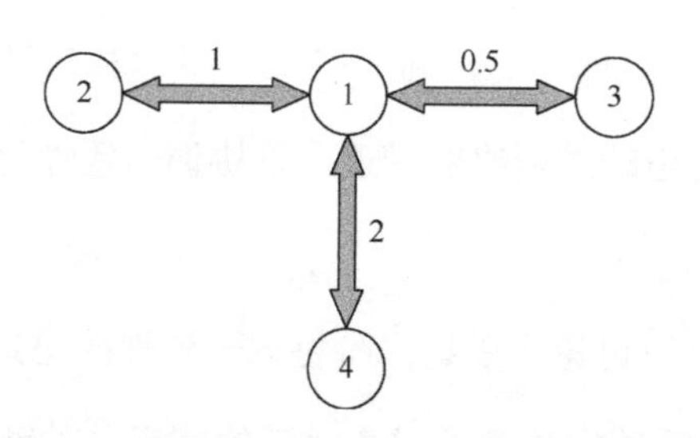

图 5.1 用于受迫二阶协调一致性问题的无向通信图 G[5]

设连接上的数字是图 G 中通信连接的相应权重，且通信时延是时不变的。此外，这些智能体根据式（5.1）和式（5.2）从随机初始条件开始演化，初始条件可以是任意定义在$[-\tau, 0]$上的连续函数。协议参数被赋值为 $\beta_0=\beta_1=1$，$k=5$。因此，$q^*(t)$被设为 1。容易看出 G 是连通图，由定理 5.1 可知，对于适当的 τ，动态网络渐近达到受迫二阶一致，且通信时延的严格上界等于

$$\tau^{*}=\min_{i>1}\left\{\left[\arctan\left(\frac{\beta_1\eta_i}{\beta_0}\right)+\arctan\left(\frac{k}{\eta_i}\right)\right]\Big/\eta_i\right\}\approx 0.9736$$

在第一个仿真实验中，选择略低于 τ^* 的时延 $\tau=0.97$。然后，定理 5.1 保证了受迫二阶协调一致性，从图 5.2 可以验证这个结果，其表明了受迫二阶协调一致性系统的演化。

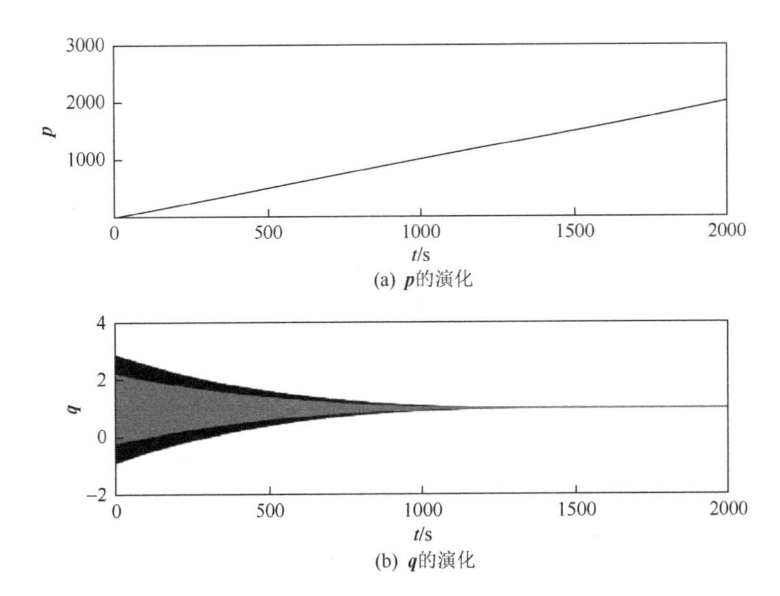

(a) p的演化

(b) q的演化

图 5.2　存在时延 $\tau=0.97$ 的受迫二阶协调一致性系统的演化[5]

在第二个仿真实验中，令 $\tau=0.98$，因此有 $\tau>\tau^*$。正如定理 5.1 所预测，动态变得不稳定，并且无法达到受迫二阶协调一致性。这一点可以在图 5.3 中清楚地看到。仿真结果与理论结果一致。

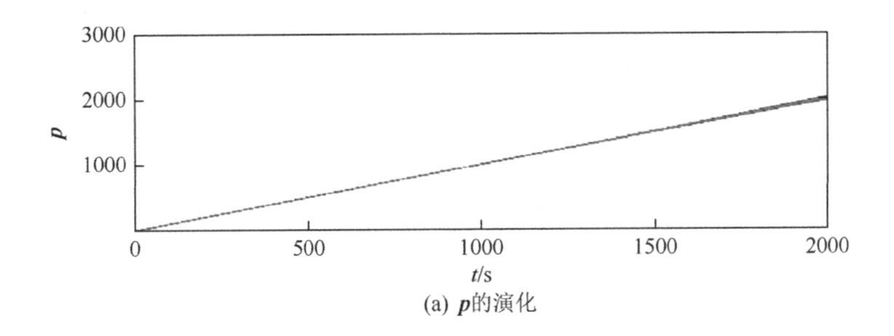

(a) p的演化

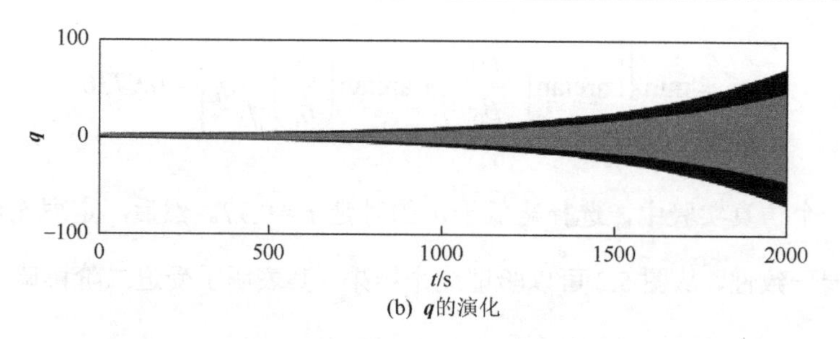

(b) q的演化

图 5.3 存在时延 $\tau = 0.98$ 的受迫二阶协调一致性系统的演化[5]

5.5 小 结

本章介绍了具有通信时延的双积分群体系统中信息协调一致的受迫二阶协调一致性协议。通过频域方法，详细阐述了对于具有非零通信时延的网络如何收敛（即收敛分析）的问题。值得注意的是，所介绍的协议可以将潜航器的非线性动力学反馈线性化为一个双积分系统，因此可以应用于多海洋潜航器的编队控制。本章的主要结果详见作者发表的相关论文[5]。

参考文献

[1] REN W，Moore K L，Chen Y. High-order and model reference consensus algorithms in cooperative control of multivehicle systems [J]. Journal of Dynamic Systems，Measurement，and Control，2007，129（5）：678.

[2] REN W. Consensus strategies for cooperative control of vehicle formations [J]. IET Control Theory & Applications，2007，1（2）：505-512.

[3] REN W. Multi-vehicle consensus with a time-varying reference state [J]. Systems & Control Letters，2007，56（7）：474-483.

[4] HALE J K. Theory of functional differential equations [M]. Beijing：World Scientific，2003.

[5] YANG B，FANG H. Forced consensus in networks of double integrator systems with delayed input [J]. Automatica，2010，46（3）：629-632.

第 6 章　随机群体系统的稳定性分析

6.1　概　　述

近年来，学术界对群体系统的研究越来越重视。这不仅因为随着时间进化的生物群体或粒子群的数学模型能够准确或较为准确地解释大多数生物群体的群体合作行为和自组织现象，而且因为群体系统具有独特的工程应用背景，所以该研究具有重要意义。生物群体的集群行为是群体中个体间相互吸引和排斥作用的突发性行为。这两种效应使得群体中的个体可以相互聚集，同时不会因为彼此太近而相互冲突。许多研究都是关于群体稳定性（即群体凝聚力）的分析[1-3]。Gazi 等在 n 维欧氏空间中分析了基于个体的连续时间群体系统动力学模型。针对群体系统的自由集群行为和群体避障行为，提出了三种分布式群体聚集算法，可以产生上述群体自组织行为[1]。

以上对群体系统集群行为稳定性的分析都是基于确定的系统模型，没有考虑环境噪声等因素引起的随机扰动对群体系统集群行为的影响。然而，对于真实系统的建模，必须考虑随机噪声等因素。本章主要阐述的是随机扰动对群体系统动力学行为影响的理论分析，因此本章包括协调控制策略设计和在 m 维欧几里得空间中对更一般的随机群体系统进行严格的稳定分析，主要研究随机扰动对群体系统动态行为的影响，分析随机群体系统在随机扰动作用下能保持其稳定性的条件。

6.2　随机群体聚集模型

考虑在 m 维欧几里得空间中由 N 个自主智能体组成的随机群体聚集系统。每个智能体不仅与群体中的其他智能体相互作用，而且受到环境噪声等随机因素的干扰。

将这个随机因子建模为白噪声，噪声的大小取决于群体系统当前的状态。

更确切地，通过以下动态方程来解释上述群体系统的动态行为。

$$\dot{\boldsymbol{x}}_i = \boldsymbol{f}(\boldsymbol{x}) + \sigma_i(\boldsymbol{x})\xi_i, \quad i = 1, 2, \cdots, N \tag{6.1}$$

$$\boldsymbol{f}_i(\boldsymbol{x}) = -\sum_{j=1,\ j\neq i}^{N} (\boldsymbol{x}_i - \boldsymbol{x}_j)\left[a - b\exp\left(-\left\|\boldsymbol{x}_i - \boldsymbol{x}_j\right\|^2 \big/ c\right)\right] \tag{6.2}$$

$$\sigma_i(\boldsymbol{x}) = p\left\|\boldsymbol{x}_i - \frac{1}{N}\sum_{j=1}^{N}\boldsymbol{x}_j\right\| - k \tag{6.3}$$

$$\boldsymbol{x} = [\boldsymbol{x}_1^{\mathrm{T}}, \boldsymbol{x}_2^{\mathrm{T}}, \cdots, \boldsymbol{x}_N^{\mathrm{T}}]^{\mathrm{T}} \tag{6.4}$$

其中，N 是群体中智能体个数；m 是欧几里得空间的维数；$\|\cdot\|$是欧几里得范数。式（6.1）中的 $\boldsymbol{x}_i\in\mathbf{R}^m$ 是智能体 i 在 m 维欧几里得空间中的位置向量；$\boldsymbol{x}_i\in\mathbf{R}^{mN}$ 是整个群体系统的状态变量；$\xi_i\in\mathbf{R}^m$ 是 m 维标准白噪声；且式（6.2）中的 a，b，c 是正常数，令 $b>a$。假设群体中的智能体是 m 维欧几里得空间中的点，忽略它们的维度，式（6.2）中 $\boldsymbol{f}_i(\boldsymbol{x})$的定义描述了群体中其他个体对智能体 i 的引力/斥力之和。当智能体 i 和智能体 j 之间距离较大时，智能体 j 对智能体 i 有吸引作用；当两者靠近时，智能体 j 对智能体 i 有排斥作用；当两者之间的距离等于 $\sqrt{c\ln(b/a)}$ 时，智能体 j 对智能体 i 没有影响。式（6.3）中的 $\sigma_i(\boldsymbol{x})\in\mathbf{R}$ 表示对智能体 i 随机扰动的大小，注意到，当 $p=k=0$ 时，$\sigma_i(\boldsymbol{x})\equiv 0$，则智能体 i 的动力学退化为 $\dot{\boldsymbol{x}}_i = \boldsymbol{f}_i(\boldsymbol{x})$，它是由 Gazi[1]讨论的确定性群体模型。

6.3 随机群体聚集模型的稳定性分析

关于随机群体聚集模型，使用伊藤解释获得随机微分方程为

$$\mathrm{d}\boldsymbol{x}_i = \boldsymbol{f}_i(\boldsymbol{x})\mathrm{d}t + \sigma_i \mathrm{d}\omega_i, \quad i = 1, 2, \cdots, N \tag{6.5}$$

其中，$\boldsymbol{\omega}_i\in\mathbf{R}^m$ 是 m 维标准布朗运动。定义群体成员的中心为 $\overline{\boldsymbol{x}} = \frac{1}{N}\sum_{j=1}^{N}\boldsymbol{x}_i$，定义智能体 i 关于 $\overline{\boldsymbol{x}}$ 的误差向量为 $\boldsymbol{e}_i = \boldsymbol{x}_i - \overline{\boldsymbol{x}}$，很明显有 $\overline{\boldsymbol{x}}\in\mathbf{R}^m$ 和 $\boldsymbol{e}_i\in\mathbf{R}^m$。

应当注意的是，随机群体系统的稳定性定义是指群体中的所有个体可以相互聚集，

所有个体之间最终保持很小的空间距离。因此，在稳定性分析中，群体中智能体的绝对位置向量并不重要，关键在于智能体与误差向量相对于质心的位置。因此，有必要将式（6.5）中绝对位置向量 $\boldsymbol{x}_i$ 转化为误差向量 $\boldsymbol{e}_i$ 。

根据伊藤公式[4]和 $\bar{\boldsymbol{x}}=\frac{1}{N}\sum_{j=1}^{N}\boldsymbol{x}_i$ ，有

$$\mathrm{d}\boldsymbol{e}_i=\mathrm{d}\boldsymbol{x}_i-\mathrm{d}\bar{\boldsymbol{x}}=\left[\frac{N-1}{N}\boldsymbol{f}_i(\boldsymbol{x})-\frac{1}{N}\sum_{j=1,\ j\neq i}^{N}\boldsymbol{f}_j(\boldsymbol{x})\right]\mathrm{d}t+\left[\frac{N-1}{N}\sigma_i(\boldsymbol{x})\mathrm{d}\omega_i-\sum_{j=1,\ j\neq i}^{N}\frac{\sigma_j(\boldsymbol{x})}{N}\mathrm{d}\omega_j\right] \tag{6.6}$$

注意到， $\boldsymbol{x}_i-\boldsymbol{x}_j=(\bar{\boldsymbol{x}}+\boldsymbol{e}_i)-(\bar{\boldsymbol{x}}+\boldsymbol{e}_j)=\boldsymbol{e}_i-\boldsymbol{e}_j$ ，将式（6.2）代入式（6.6），得

$$\begin{aligned}\mathrm{d}\boldsymbol{e}_i=&\left\{\left[-\frac{N-1}{N}\sum_{j=1,\ j\neq i}^{N}(\boldsymbol{e}_i-\boldsymbol{e}_j)\left(a-b\exp\left(-\frac{\|\boldsymbol{e}_i-\boldsymbol{e}_j\|^2}{c}\right)\right)\right]\right.\\&\left.+\frac{1}{N}\sum_{j=1,\ j\neq i}^{N}\sum_{k=1,\ k\neq j}^{N}(\boldsymbol{e}_j-\boldsymbol{e}_k)\left[a-b\exp\left(-\frac{\|\boldsymbol{e}_j-\boldsymbol{e}_k\|^2}{c}\right)\right]\right\}\mathrm{d}t\\&+\left[\frac{N-1}{N}\sigma_i(\boldsymbol{x})\mathrm{d}\omega_i-\sum_{j=1,\ j\neq i}^{N}\frac{\sigma_j(\boldsymbol{x})}{N}\mathrm{d}\omega_j\right]\end{aligned}$$

显然

$$\sum_{j=1,\ j\neq i}^{N}\sum_{k=1,\ k\neq j}^{N}(\boldsymbol{e}_j-\boldsymbol{e}_k)\left[a-b\exp\left(-\frac{\|\boldsymbol{e}_j-\boldsymbol{e}_k\|^2}{c}\right)\right]=\sum_{j=1,\ j\neq i}^{N}(\boldsymbol{e}_j-\boldsymbol{e}_i)\left[a-b\exp\left(-\frac{\|\boldsymbol{e}_j-\boldsymbol{e}_i\|^2}{c}\right)\right]$$

经过简单计算，有

$$\mathrm{d}\boldsymbol{e}_i=-\sum_{j=1,\ j\neq i}^{N}(\boldsymbol{e}_i-\boldsymbol{e}_j)\left[a-b\exp\left(-\frac{\|\boldsymbol{e}_i-\boldsymbol{e}_j\|^2}{c}\right)\right]\mathrm{d}t+\left[\frac{N-1}{N}\sigma_i(\boldsymbol{x})\mathrm{d}\omega_i-\sum_{j=1,\ j\neq i}^{N}\frac{\sigma_j(\boldsymbol{x})}{N}\mathrm{d}\omega_j\right] \tag{6.7}$$

正如前面所提到的，群体系统的稳定性定义是指群体中所有个体能够相互聚集在一起，最终使智能体之间保持较小的空间距离。因此，群体系统的位置向量 $\boldsymbol{x}(t)$ 不能直接传达群体中的个体是否能够聚集或聚集到什么程度等重要信息。然而群体

的误差向量 $\boldsymbol{e}=[\boldsymbol{e}_1^{\mathrm{T}},\boldsymbol{e}_2^{\mathrm{T}},\cdots,\boldsymbol{e}_N^{\mathrm{T}}]^{\mathrm{T}}$ 可以更好地度量系统的凝聚性和稳定性。当$\|\boldsymbol{e}(t)\|^2$值较大时，表示群体还没有聚集，个体之间的距离仍然很大。当$\|\boldsymbol{e}(t)\|^2$开始减小时，表明群体系统正在聚集，而$\|\boldsymbol{e}(t)\|^2$的下降速率度量了群体内个体的聚集速度。当$\|\boldsymbol{e}(t)\|^2$下降到一定程度时，不会继续下降到 0，而是在一个很小的正数附近保持稳定，这是由随机群体中个体之间的斥力引起的。当个体之间靠得太近时，会互相排斥，所以个体倾向于避免冲突。

以上关于$\|\boldsymbol{e}(t)\|^2$ 的讨论说明了系统误差向量 $\boldsymbol{e}=[\boldsymbol{e}_1^{\mathrm{T}},\boldsymbol{e}_2^{\mathrm{T}},\cdots,\boldsymbol{e}_N^{\mathrm{T}}]^{\mathrm{T}}$ 对于群体系统的稳定性定义至关重要。这就解释了为什么用$\|\boldsymbol{e}(t)\|^2$ 来定义群体的稳定性。实际上，下面的分析表明这种定义是合适的，接下来将给出关于随机群体系统稳定性的两个定义。

定义 6.1 对于本章定义的随机群体系统（其动力学由式（6.1）～式（6.3）定义），如果存在正常数 K，那么对于任意 $\boldsymbol{x}_0\in\mathbf{R}^{mN}$，不等式

$$\limsup_{t\to\infty} E\left(\|\boldsymbol{e}(t)\|^2\right)\leqslant K \tag{6.8}$$

成立。其中，$\boldsymbol{e}=[\boldsymbol{e}_1^{\mathrm{T}},\boldsymbol{e}_2^{\mathrm{T}},\cdots,\boldsymbol{e}_N^{\mathrm{T}}]^{\mathrm{T}}$，且 $E(\cdot)$表示期望，则称这个随机群体系统是稳定的，即 $\boldsymbol{e}=[\boldsymbol{e}_1^{\mathrm{T}},\boldsymbol{e}_2^{\mathrm{T}},\cdots,\boldsymbol{e}_N^{\mathrm{T}}]^{\mathrm{T}}$ 是二阶最终有界的。

定义 6.2 本章中定义的随机群体系统（其动力学由式（6.1）～式（6.3）定义），如果存在正常数 K、c 和 α，对于任何 $\boldsymbol{x}_0\in\mathbf{R}^{mN}$，不等式

$$E\|\boldsymbol{e}(t)\|^2\leqslant K+c\|\boldsymbol{e}(0)\|^2\exp(-\alpha t),\ t\geqslant 0 \tag{6.9}$$

成立，那么这个随机群体系统被认为是指数稳定的，即 $\boldsymbol{e}=[\boldsymbol{e}_1^{\mathrm{T}},\boldsymbol{e}_2^{\mathrm{T}},\cdots,\boldsymbol{e}_N^{\mathrm{T}}]^{\mathrm{T}}$ 在指数上是二阶最终有界的。

现在将以定理的形式给出随机群体系统的稳定条件及它的严格证明。

定理 6.1 考虑一个由式（6.1）～式（6.3）描述动力学的 N 个移动智能体组成的群体系统。如果式（6.3）中的常数 p 和 k 满足以下条件，即

（1）$p^2<\dfrac{2aN^2}{(N-1)m}$；

（2）$kp = \dfrac{Nb\sqrt{\dfrac{c}{2}}\exp\left(-\dfrac{1}{2}\right)}{m}$。

那么随机群体系统是稳定的，即 $\boldsymbol{e} = [\boldsymbol{e}_1^{\mathrm{T}}, \boldsymbol{e}_2^{\mathrm{T}}, \cdots, \boldsymbol{e}_N^{\mathrm{T}}]^{\mathrm{T}}$ 是二阶最终有界的，且

$$\lim_{t\to\infty}\sup E\left(\|\boldsymbol{e}\|^2\right) \leqslant \frac{(N-1)Nmk^2}{2aN^2-(N-1)mp^2}$$

其中，$E(\cdot)$表示期望。

证　根据式（7.3），有

$$\sigma_i(\boldsymbol{x}) = p\left\|\boldsymbol{x}_i - \frac{1}{N}\sum_{j=1}^{N}\boldsymbol{x}_j\right\| - k = p\|\boldsymbol{x}_i - \overline{\boldsymbol{x}}\| - k = p\|\boldsymbol{e}_i\| - k$$

因此，

$$\mathrm{d}\boldsymbol{e}_i = -\sum_{j=1,\ j\neq i}^{N}(\boldsymbol{e}_i - \boldsymbol{e}_j)\left[a - b\exp\left(-\frac{\|\boldsymbol{e}_i - \boldsymbol{e}_j\|^2}{c}\right)\right]\mathrm{d}t + \left[\frac{N-1}{N}\left(p\|\boldsymbol{e}_i\| - k\right)\mathrm{d}\omega_i - \sum_{j=1,\ j\neq i}^{N}\frac{p\|\boldsymbol{e}_j\| - k}{N}\mathrm{d}\omega_j\right] \tag{6.10}$$

设 $V = \boldsymbol{e}^{\mathrm{T}}\boldsymbol{e} = \|\boldsymbol{e}\|^2$ 为随机群体系统的李雅普诺夫函数。因此，$V(\boldsymbol{e}) \geqslant c_1\|\boldsymbol{e}\|^2 - \alpha_1$，其中，$c_1 = 1 > 0$，$\alpha_1 = 0$。

令

$$\boldsymbol{f}_{\boldsymbol{e}_i} = -\sum_{j=1,\ j\neq i}^{N}(\boldsymbol{e}_i - \boldsymbol{e}_j)\left[a - b\exp\left(\frac{-\|\boldsymbol{e}_i - \boldsymbol{e}_j\|^2}{c}\right)\right]$$

$$\boldsymbol{f}_{\boldsymbol{e}} = [\boldsymbol{f}_{\boldsymbol{e}_1}^{\mathrm{T}}, \boldsymbol{f}_{\boldsymbol{e}_2}^{\mathrm{T}}, \cdots, \boldsymbol{f}_{\boldsymbol{e}_N}^{\mathrm{T}}]^{\mathrm{T}}$$

$$\boldsymbol{g}_{\boldsymbol{e}} = \begin{bmatrix} \dfrac{N-1}{N}\sigma_1\boldsymbol{I} & -\dfrac{1}{N}\sigma_2\boldsymbol{I} & \cdots & -\dfrac{1}{N}\sigma_N\boldsymbol{I} \\ -\dfrac{1}{N}\sigma_1\boldsymbol{I} & \dfrac{N-1}{N}\sigma_2\boldsymbol{I} & \cdots & -\dfrac{1}{N}\sigma_N\boldsymbol{I} \\ \vdots & \vdots & & \vdots \\ -\dfrac{1}{N}\sigma_1\boldsymbol{I} & -\dfrac{1}{N}\sigma_2\boldsymbol{I} & \cdots & \dfrac{N-1}{N}\sigma_N\boldsymbol{I} \end{bmatrix}$$

因此，得到了关于误差向量 $\boldsymbol{e}$ 的随机微分方程 $\mathrm{d}\boldsymbol{e} = \boldsymbol{f}_{\boldsymbol{e}}\mathrm{d}t + \boldsymbol{g}_{\boldsymbol{e}}\mathrm{d}\omega$。然后有

$$
\begin{aligned}
LV(\boldsymbol{e}) &= L(\boldsymbol{e}^{\mathrm{T}}\boldsymbol{e}) = \frac{\partial V}{\partial \mathrm{e}}\boldsymbol{f}_e + \frac{1}{2}\mathrm{tr}\left(\boldsymbol{g}_e^{\mathrm{T}}\frac{\partial^2 V}{\partial_e^2}\boldsymbol{g}_e\right) \\
&= 2\boldsymbol{e}^{\mathrm{T}}\boldsymbol{f}_e + \mathrm{tr}\left(\boldsymbol{g}_e^{\mathrm{T}}\boldsymbol{g}_e\right) \\
&= 2\sum_{i=1}^{N}\boldsymbol{e}_i^{\mathrm{T}}\left[-\sum_{j=1,\ j\neq i}^{N}(\boldsymbol{e}_i-\boldsymbol{e}_j)\left(a-b\exp\left(-\frac{\left\|\boldsymbol{e}_i-\boldsymbol{e}_j\right\|^2}{c}\right)\right)\right] + \frac{N-1}{N}m\sum_{i=1}^{N}\sigma_i^2(\boldsymbol{x})
\end{aligned} \tag{6.11}
$$

其中，$L(\cdot)$关于随机微分方程 $\mathrm{d}\boldsymbol{x} = \boldsymbol{f}(t,\boldsymbol{x})\mathrm{d}t + \boldsymbol{g}(t,\boldsymbol{x})\mathrm{d}\omega$ 的定义是 $LV(t,\boldsymbol{x}) = V_t(t,\boldsymbol{x}) + V_x(t,\boldsymbol{x})\boldsymbol{f}(t,\boldsymbol{x}) + \mathrm{tr}[\boldsymbol{g}^{\mathrm{T}}(t,\boldsymbol{x})V_{xx}(t,\boldsymbol{x})\boldsymbol{g}(t,\boldsymbol{x})]$[5]。

注意到，$\sum_{j=1}^{N}(\boldsymbol{e}_i-\boldsymbol{e}_j) = \sum_{j=1}^{N}(\boldsymbol{x}_i-\boldsymbol{x}_j) = N\boldsymbol{x}_i - N\overline{\boldsymbol{x}} = N\boldsymbol{e}_i$。根据赫尔德不等式，有

$$
\begin{aligned}
&\boldsymbol{e}_i^{\mathrm{T}}\left[-\sum_{j=1,\ j\neq i}^{N}(\boldsymbol{e}_i-\boldsymbol{e}_j)\left(a-b\exp\left(-\frac{\left\|\boldsymbol{e}_i-\boldsymbol{e}_j\right\|^2}{c}\right)\right)\right] \\
&= -aN\boldsymbol{e}_i^{\mathrm{T}}\boldsymbol{e}_i + \sum_{j=1,\ j\neq i}^{N}\left[\boldsymbol{e}_i^{\mathrm{T}}(\boldsymbol{e}_i-\boldsymbol{e}_j)b\exp\left(-\frac{\left\|\boldsymbol{e}_i-\boldsymbol{e}_j\right\|^2}{c}\right)\right] \\
&\leqslant -aN\left\|\boldsymbol{e}_i\right\|^2 + \sum_{j=1,\ j\neq i}^{N}\left\|\boldsymbol{e}_i\right\|\left\|\boldsymbol{e}_i-\boldsymbol{e}_j\right\|b\exp\left(-\frac{\left\|\boldsymbol{e}_i-\boldsymbol{e}_j\right\|^2}{c}\right)
\end{aligned}
$$

容易证明，$\left\|\boldsymbol{e}_i-\boldsymbol{e}_j\right\|\exp\left(-\frac{\left\|\boldsymbol{e}_i-\boldsymbol{e}_j\right\|^2}{c}\right)$是有界函数。它的最大值$\sqrt{\frac{c}{2}}\exp\left(-\frac{1}{2}\right)$出现在$\left\|\boldsymbol{e}_i-\boldsymbol{e}_j\right\| = \sqrt{\frac{c}{2}}$处。将此值代入上面的不等式，有

$$
\begin{aligned}
&\boldsymbol{e}_i^{\mathrm{T}}\left[-\sum_{j=1,\ j\neq i}^{N}(\boldsymbol{e}_i-\boldsymbol{e}_j)\left(a-b\exp\left(-\frac{\left\|\boldsymbol{e}_i-\boldsymbol{e}_j\right\|^2}{c}\right)\right)\right] \\
&\leqslant -aN\left\|\boldsymbol{e}_i\right\|^2 + \sum_{j=1,\ j\neq i}^{N}\left\|\boldsymbol{e}_i\right\|\sqrt{\frac{c}{2}}\exp\left(-\frac{1}{2}\right)b \qquad (6.12) \\
&= -aN\left\|\boldsymbol{e}_i\right\|^2 + (N-1)b\sqrt{\frac{c}{2}}\exp\left(-\frac{1}{2}\right)\left\|\boldsymbol{e}_i\right\|
\end{aligned}
$$

根据式（6.11）和式（6.12），得

$$\begin{aligned} LV(\boldsymbol{e}) &\leqslant 2\sum_{i=1}^{N}\left(-aN\|\boldsymbol{e}_i\|^2+(N-1)b\sqrt{\frac{c}{2}}\exp\left(-\frac{1}{2}\right)\|\boldsymbol{e}_i\|\right)+\frac{N-1}{N}m\sum_{i=1}^{N}\sigma_i^2(\boldsymbol{x}) \\ &=\left(-2aN+\frac{N-1}{N}mp^2\right)\|\boldsymbol{e}\|^2+\left[2(N-1)b\sqrt{\frac{c}{2}}\exp\left(-\frac{1}{2}\right)-\frac{2kp(N-1)m}{N}\right]\sum_{i=1}^{N}\|\boldsymbol{e}_i\|^2 \\ &\quad+(N-1)mk^2 \end{aligned} \tag{6.13}$$

将条件（2）$kp=\dfrac{Nb\sqrt{\dfrac{c}{2}}\exp\left(-\dfrac{1}{2}\right)}{m}$代入式（6.13），得

$$\begin{aligned} LV(\boldsymbol{e}) &\leqslant \left(-2aN+\frac{N-1}{N}mp^2\right)\|\boldsymbol{e}\|^2+(N-1)mk^2 \\ &=\left(-2aN+\frac{N-1}{N}mp^2\right)V(\boldsymbol{e})+(N-1)mk^2 \end{aligned} \tag{6.14}$$

条件（1）$p^2<\dfrac{2aN^2}{(N-1)m}$意味着$-2aN+\dfrac{N-1}{N}mp^2<0$。

令$2aN-\dfrac{N-1}{N}mp^2=c_2>0$，$(N-1)mk^2=\beta_1$，那么有$LV(\boldsymbol{e})\leqslant -c_2V(\boldsymbol{e})+\beta_1$。很明显，Miyahara[5]给出的定理 3.1（A）的所有条件都满足。将这个结果应用到本章所考虑的系统中，证明了过程$\boldsymbol{e}(t)$是二阶最终有界的。因此，有

$$\limsup_{t\to\infty} E\|\boldsymbol{e}\|^2 \leqslant \frac{\beta_1}{c_1c_2}+\frac{\alpha_1}{c_1}=\frac{(N-1)mk^2}{2aN-\dfrac{N-1}{N}mp^2}=\frac{(N-1)Nmk^2}{2aN^2-(N-1)mp^2}=K \tag{6.15}$$

定理 6.1 证毕。

事实上，由于李雅普诺夫函数$V=\boldsymbol{e}^{\mathrm{T}}\boldsymbol{e}=\|\boldsymbol{e}\|^2$的特殊形式，随机群体系统不仅是二阶最终有界，而且是二阶最终有界的指数形式。这个结论由下面的定理 6.2 进行描述。

定理 6.2　考虑一个由式（6.1）～式（6.3）描述动力学的 N 个移动智能体组成的群体系统。如果式（6.3）中的常数 p 和 k 满足以下条件，即

（1）$p^2<\dfrac{2aN^2}{(N-1)m}$；

（2）$kp = \dfrac{Nb\sqrt{\dfrac{c}{2}}\exp\left(-\dfrac{1}{2}\right)}{m}$。

那么随机群体系统是稳定的，即 $\boldsymbol{e} = [\boldsymbol{e}_1^{\mathrm{T}}, \boldsymbol{e}_2^{\mathrm{T}}, \cdots, \boldsymbol{e}_N^{\mathrm{T}}]^{\mathrm{T}}$ 是二阶最终有界的指数形式，且有

$$E\|\boldsymbol{e}(t)\|^2 \leqslant \|\boldsymbol{e}(0)\|^2 \exp\left[-\left(2aN - \frac{N-1}{N}mp^2\right)t\right] + \frac{(N-1)Nmk^2}{2aN^2-(N-1)mp^2}$$

其中，$E(\cdot)$表示期望。

证 注意到，$V = \boldsymbol{e}^{\mathrm{T}}\boldsymbol{e} = \|\boldsymbol{e}\|^2 \leqslant \|\boldsymbol{e}\|^2$。因 $V(\boldsymbol{e}) \leqslant c_3\|\boldsymbol{e}\|^2 + \alpha_2$，其中，$c_3 = 1 > 0$，$\alpha_2 = 0$。

根据定理 6.1 的证明过程，Miyahara[5]给出的定理 3.1（B）的所有条件都满足。将这个结果应用于本章所考虑的系统，证明了过程 $\boldsymbol{e}$（t）是指数二阶最终有界的。因此，有

$$\begin{aligned} E\|\boldsymbol{e}(t)\|^2 &\leqslant \frac{c_3}{c_1}\|\boldsymbol{e}(0)\|^2 \exp(-c_2 t) + \left(K + \frac{\alpha_2}{c_1}\right) \\ &= \|\boldsymbol{e}(0)\|^2 \exp\left[-\left(2aN - \frac{N-1}{N}mp^2\right)t\right] + \frac{(N-1)Nmk^2}{2aN^2-(N-1)mp^2} \end{aligned} \tag{6.16}$$

定理 6.2 证毕。

6.4 随机微分方程的 Euler-Maruyama 数值方法

由于本章的随机群体聚集模型由随机微分方程描述，所以需要使用针对随机微分方程的数值方法进行仿真，求得其数值解。针对本章中的模型，使用 Euler-Maruyama 数值方法进行仿真[6]。Euler-Maruyama 数值方法分别以强阶（strong order）0.5 和弱阶（weak order）1 收敛。

考虑一个有 M 维维纳过程 $W_t = (W_t^1, W_t^2, \cdots, W_t^M)$的 N 维伊藤随机微分方程，即

$$\mathrm{d}X_t = a(t, X_t)\mathrm{d}t + \sum_{j=1}^{M} b^j(t, X_t)\mathrm{d}W_t^j \tag{6.17}$$

其中，$X_t = (X_t^1, X_t^2, \cdots, X_t^N)$。显然地，式（7.17）的等价分量形式可以写为

$$\mathrm{d}X_t^i = a^i(t, X_t)\mathrm{d}t + \sum_{j=1}^{M} b^{i,j}(t, X_t)\mathrm{d}W_t^j, \quad i = 1, 2, \cdots, N \tag{6.18}$$

其中，上标 i, j 用来表示其为向量或矩阵中的相应分量。

对于此随机微分方程，Euler-Maruyama 数值方法可表达为

$$X_{n+1}^i = X_n^i + a^i(t_n, X_n)\Delta_n + \sum_{j=1}^{M} b^{i,j}(t_n, X_n)\Delta W_n^j \tag{6.19}$$

其中，$\Delta_n = t_{n+1} - t_n$；$\Delta W_n^j = W_{t_{n+1}}^j - W_{t_n}^j$ 为 M 维维纳过程 $W_t = (W_t^1, W_t^2, \cdots, W_t^M)$ 的第 j 个分量在 $[t_n, t_{n+1}]$ 上的 $N(0;\ \Delta_n)$ 分布增量。

6.5　群体系统动态的仿真分析

在本节中，在数值上验证和讨论本章随机群体系统模型的稳定性。在仿真实验中，随机群体系统包含了 20 个智能体，每个智能体的动态均依式（6.1）在二维欧氏空间中运动，系统的初始位置随机均匀分布于 $[0, 50]^2$，系统参数确定为 $a = 1.5$，$b = 15$，$c = 0.1$。

由式（6.3）中的常数 p，k 需满足的条件（1）$p^2 < 2aN^2/(N-1)m$ 确定 $p^2 < 31.5789 \Rightarrow |p| < 5.6$，所以可取 $p = 5$。

又由式（6.3）中的常数 p，k 需满足的条件（2）$kp = \dfrac{Nb\sqrt{c/2}\exp(-1/2)}{m}$ 确定 $k = 4.0687$。

该随机群体聚集模型使用 Euler-Maruyama 数值方法[6]进行仿真，仿真所用步长为 0.01 s（即以 100 Hz 的频率进行更新），每次独立的仿真实验均历时 100 s。

尽管群体的随机模型具有随机本质，但从对群体模型所做的 100 次独立仿真实验的结果来看，群体系统在稳定性方面表现出相当的一致性。图 6.1 显示了其中一次仿真实验在系统演进过程中的连续快照，相应的快照时刻显示于每张快照下方。在图 6.1 中，每个智能体的位置由一个点表示。该次实验的仿真结果具有典型性。由图 6.1 可以看出，随机群体系统的收敛速度是相当快的，系统在经历较短时间的瞬态过程之后便进入稳态过程，即随机群体系统中的个体快速聚集形成 swarm 且个体间

保持较小的距离。随机群体系统从 0.5 s 之后，尽管群体中的个体均维持运动，但是群体所形成的 swarm 结构和形态维持不变。

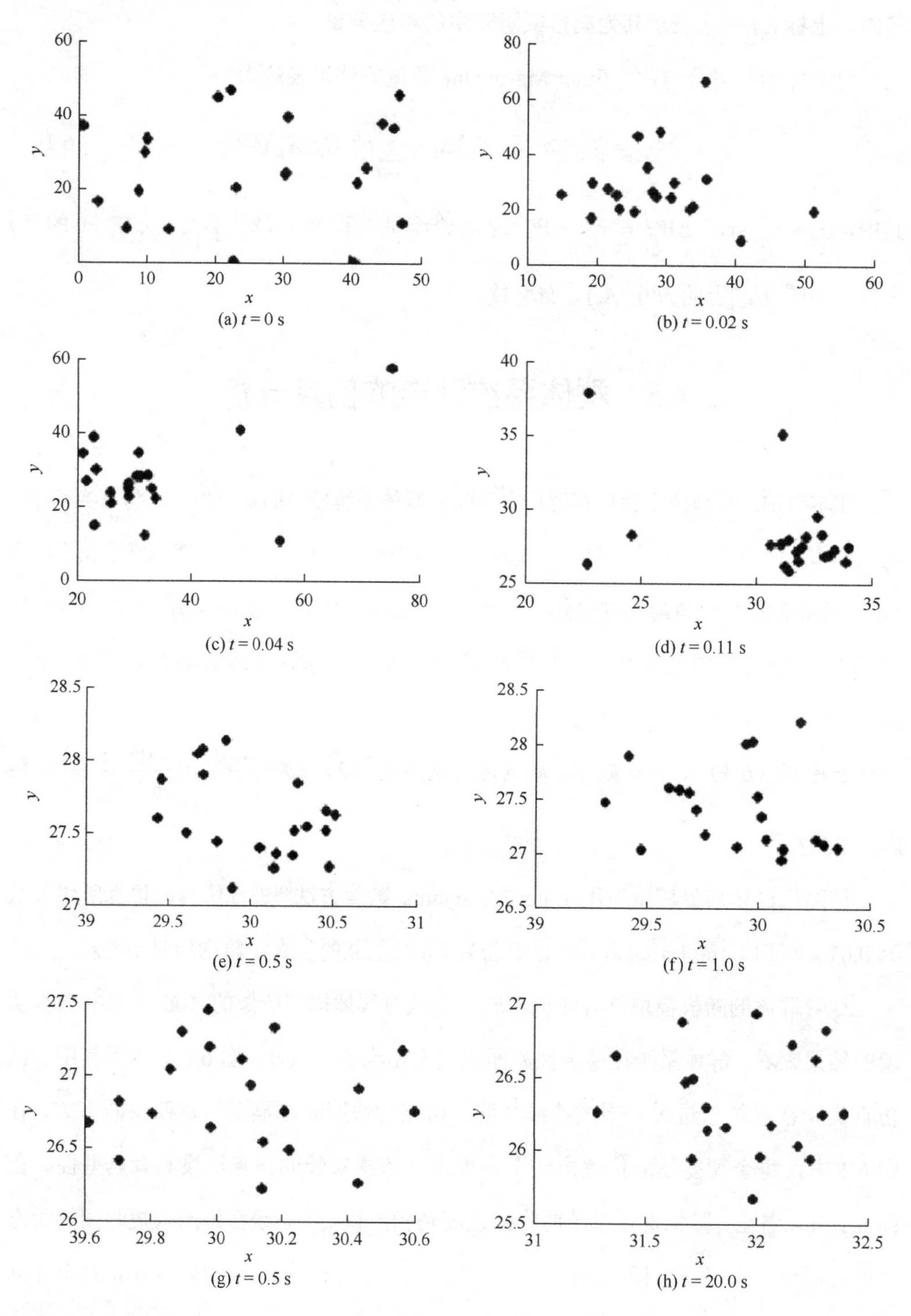

(a) $t = 0$ s
(b) $t = 0.02$ s
(c) $t = 0.04$ s
(d) $t = 0.11$ s
(e) $t = 0.5$ s
(f) $t = 1.0$ s
(g) $t = 0.5$ s
(h) $t = 20.0$ s

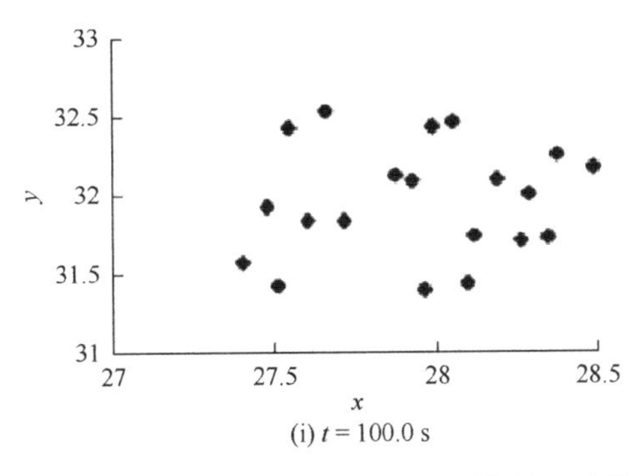

(i) $t = 100.0$ s

图 6.1　由 20 个智能体所构成的随机群体系统的一次仿真实验[7]

图 6.2 给出该次仿真实验中描述群体系统稳定性的主要度量指标$\|\boldsymbol{e}(t)\|^2$的动态行为。从图 6.2 可知，$\|\boldsymbol{e}(t)\|^2$从其初始值快速下降（$\|\boldsymbol{e}(t)\|^2$值的下降意味着 swarm 正在形成），自 0.22 s 后$\|\boldsymbol{e}(t)\|^2$便维持在 4.355 附近进行随机小幅度振荡，即随机群体系统已经完成聚集过程，进入稳态过程。$\|\boldsymbol{e}(t)\|^2$没有下降为 0 是因为 agent 之间确定的相互排斥作用，这种作用使得随机群体中个体间在距离较近时相互排斥，从而具有不会因为过度靠近而发生碰撞的倾向。但由于随机噪声的作用，群内个体间完全不发生碰撞是无法保证的。

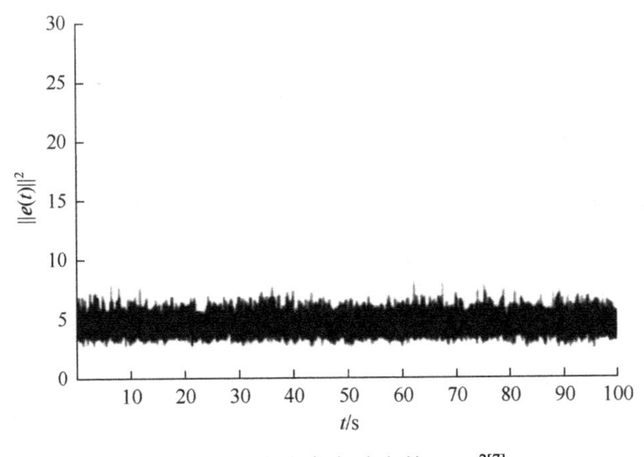

图 6.2　该次仿真实验中的$\|\boldsymbol{e}(t)\|^2$[7]

对 100 次的独立仿真实验所得出的$\|\boldsymbol{e}(t)\|^2$曲线取算数平均以获得$E(\|\boldsymbol{e}(t)\|^2)$的近似曲线，结果如图 6.3 所示。由图 6.3 可知，群体系统$\|\boldsymbol{e}(t)\|^2$的均值和图 6.2 显示的情况基本上一致，$\|\boldsymbol{e}(t)\|^2$从其初始值快速下降，直到 0.6 s 后$\|\boldsymbol{e}(t)\|^2$便维持在 4.401 附近

进行随机小幅度的振荡，其振荡幅度由于平均化的光滑作用而明显小于图 6.2 中 $\|\boldsymbol{e}(t)\|^2$ 的振荡幅度。在 0.6 s 之后近 100 s 的稳态过程中，$\|\boldsymbol{e}(t)\|^2$ 值的最小值是 4.0179，最大值是 4.78，即该群体系统在进入稳态过程后 $\|\boldsymbol{e}(t)\|^2$ 从未超过 5。尽管仿真过程是有限的 100 s，但从图 6.3 反映出的系统动态来看，随机群体系统的动态行为已经完整地体现出来。

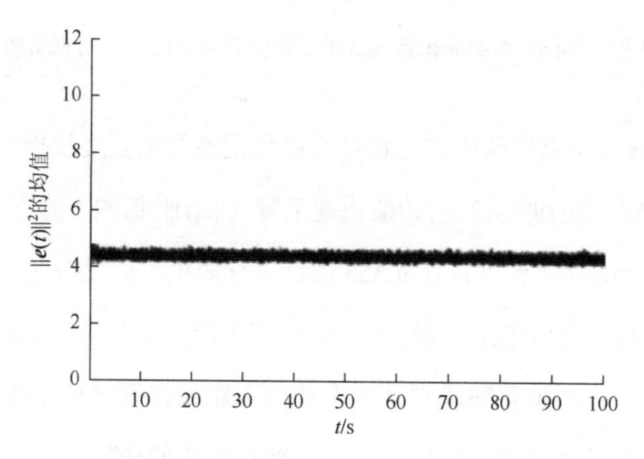

图 6.3 100 次独立仿真实验中的 $\|\boldsymbol{e}(t)\|^2$ 的均值[7]

6.6 小　结

本章介绍了一个受噪声影响的随机群体系统模型，证明了即使在噪声的干扰下，群体系统仍能以自组织的方式形成集群模式，群体中的所有个体从初始位置出发，都可以迅速聚集在一起，且个体间保持很小的空间距离，个体的动态行为取决于群体中其他个体的相对位置和随机扰动的影响。在噪声的影响下，这种基于位置的控制策略仍然为群体产生稳定协调的聚集行为，形成了自组织的群体模式。本章数值仿真结果验证了本章中所介绍的随机群体系统模型的稳定性。本章的主要结果详见作者发表的相关论文[7, 8]。

参 考 文 献

[1] GAZI V，PASSINO K M. Stability analysis of swarms [J]. IEEE Transactions on Automatic Control，2003，48（4）：692-697.

[2] GAZI V，PASSINO K M. Stability analysis of social foraging swarms [J]. IEEE Transactions on Systems，Man，and Cybernetics，Part B（Cybernetics），2004，34（1）：539-557.

[3] OLFATI-SABER R. Flocking for multi-agent dynamic systems：algorithms and theory [J]. IEEE Transactions on Automatic Control，2006，51（3）：401-420.

[4] KSENDAL B K. Stochastic differential equations：an introduction with applications [M]. New York：Springer-Verlag，2005.

[5] MIYAHARA Y. Ultimate boundedness of systems governed by stochastic differential equations [J]. Nagoya Mathematical Journal，1972，47：111-144.

[6] KLOEDEN P E，Platen E. Numerical solution of stochastic differential equations [M]. New York：Springer-Verlag，1992.

[7] 杨波，方华京. 随机群体系统的数值仿真研究 [J]. 武汉理工大学学报，2007，29（5）：130-133.

[8] YANG B，FANG H. Stability analysis of stochastic swarm systems [J]. Wuhan University Journal of Natural Sciences，2007，12（3）：506-510.

第7章　群体系统的协调控制理论在水下航行器群中的应用

7.1　概　　述

水下航行器系统是高维多输入的具有强非线性且高度耦合的动态系统，其水动力系数往往难以准确获取，因此水下航行器模型存在较大的建模误差。水下航行器的工作环境和工作条件时变而复杂，因此存在较多未知干扰。这些不利因素均严重影响水下航行器的性能，进而影响水下任务的顺利完成。应用各种控制方法对水下航行器的控制器进行设计与综合能够提高航行器在恶劣环境下的机动性[1-4]。本章基于群体系统协调控制理论，首先介绍基于 LQG/LTR（linear quadratic gaussian/loop transfer recovery，线性二次型高斯回路传输恢复）的水下航行器多变量鲁棒控制；其次介绍基于分布式控制框架实现水下航行器群协调控制；最后将通信约束考虑在内，介绍具有通信约束的分布式控制框架，实现水下航行器群的编队控制。

7.2　基于 LQG/LTR 的水下航行器多变量鲁棒控制

LQG/LTR 综合方法根据被控对象不确定性所在的位置，使 LQR 或 KF 的鲁棒性得以恢复。因此，为了使水下航行器既具有很好的跟踪和抗干扰性能，又具有对测量噪声和未建模高频动态良好的抑制性能，本节主要采用 LQG/LTR 设计方法对水下航行器进行控制器的综合分析。

7.2.1　NEROV 新型自主式水下航行器

NEROV（norwegian experimental remotely operated vehicle）是挪威理工学院设计

的新型自主式水下航行器[5]。NEROV 是一个开放式框架，内置三个圆柱形容器，电池、传感器和计算机系统位于其中，六个可调节推进器安装在框架上，使得每个推进器对可用于控制一个平移和旋转运动。因此，NEROV 可在所有 6 自由度中实施控制。水下航行器 NEROV 的总体示意图如图 7.1 所示。

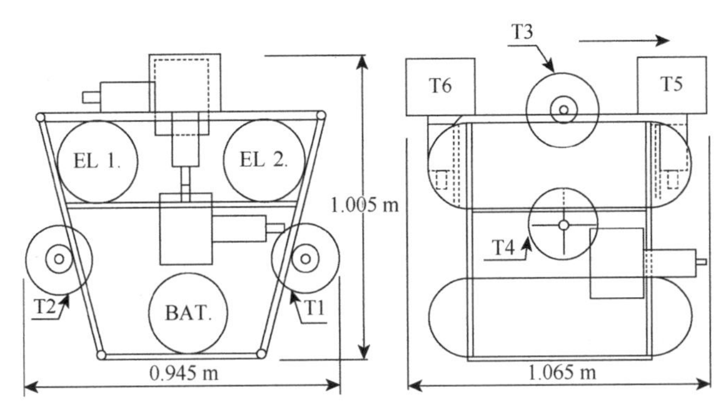

图 7.1　NEROV 的总体示意图[5]

NEROV 的设计标准如下[5]：

（1）低成本；

（2）可在 6 自由度下进行控制；

（3）正向浮力；

（4）设计深度至少 100 m；

（5）由标准的现有传感器、计算机硬件、推进器和电源构成；

（6）在电源和通信方面具有自主性；

（7）易于测试不同的推进器配置；

（8）设计用于 6 自由度动态定位（dynamic positioning，DP），需要对称的推力；

（9）用于水下机器人研究。

假设 NEROV 是在水中自由航行的刚体，而一个刚体在三维空间中的运动有 6 个自由度，则 NEROV 在水中受重力、浮力、推进器的推力和其他水动力的作用，下面将基于力学原理对其进行数学建模。

NEROV 的 6 自由度运动方程（假设流速为 0）可写为

$$\begin{cases} \boldsymbol{M}\dot{\boldsymbol{x}}_2 + \boldsymbol{C}(\boldsymbol{x}_2)\boldsymbol{x}_2 + \boldsymbol{D}(\boldsymbol{x}_2)\boldsymbol{x}_2 + \boldsymbol{g}(\boldsymbol{x}_1) = \boldsymbol{Bu} \\ \dot{\boldsymbol{x}}_1 = \boldsymbol{J}(\boldsymbol{x}_1)\boldsymbol{x}_2 \\ |u_i| \leqslant 80.0\text{N}, \quad i = 1,2,\cdots,6 \end{cases}$$

其中，$\boldsymbol{M}$ 是正定的惯性矩阵，它包含航行器的惯量与水动力的增加惯量；$\boldsymbol{x}_1 = [\varphi, \theta, \psi, x, y, z]^{\mathrm{T}}$ 是航行器的 3 个欧拉角及在定系中的位置坐标；$\boldsymbol{x}_2 = [u, v, w, p, q, r]^{\mathrm{T}}$ 是在动系下的水下航行器的速度向量；$\boldsymbol{C}(\boldsymbol{x}_2)\boldsymbol{x}_2$ 表示由于航行器和增加惯量产生的向心力和哥氏力，且 $\boldsymbol{C}(\boldsymbol{x}_2)$是反对称的；$\boldsymbol{D}(\boldsymbol{x}_2)\boldsymbol{x}_2$ 表示航行器受到的阻尼等耗散水动力项，$\boldsymbol{D}(\boldsymbol{x}_2)$是正定的；$\boldsymbol{g}(\boldsymbol{x}_1)$是由航行器的重力和浮力产生的静力和静力矩；$\boldsymbol{u}$ 是六维控制推力向量；$\boldsymbol{B}$ 是 6×6 的输入矩阵，其参数由推力设备的位置决定；$\boldsymbol{Bu}$ 表示推力对航行器产生的力和力矩；$\boldsymbol{J}(\boldsymbol{x}_1)$是定系和动系间的变换矩阵。

7.2.2 LQG/LTR 鲁棒控制方法

动态补偿器的经典结构由一个最优的状态反馈调节器和一个卡尔曼滤波器构成。LQR 和 KF 都分别具有较好的稳定裕度：幅值稳定裕度在（0.5，$+\infty$），相位裕度在（–60°，60°），因此具有好的鲁棒性。但当 LQR 和 KF 组合在一起相互作用时，LQG 却不能保证这样的鲁棒性。

LQG/LTR 综合方法根据不确定性所在的位置，使得在该设计过程中，LQR 或 KF 的鲁棒性得以恢复。

假设不确定性矩阵 $\boldsymbol{E}(s)$是可乘型的且出现在被控对象的输出端，而且其频率响应的上界是有界的，即

$$\sigma_{\max}(\boldsymbol{E}(j\omega)) < e_m(\omega)$$

其中，$e_m(\omega)$是频率 ω 的函数。

由多变量反馈理论可知，典型的闭环性能要求可以由开环系统描述如下：

（1）低频段。为了使闭环系统具有良好的参考信号跟踪能力和干扰抑制能力，需要使得回路传递函数矩阵的最小奇异值尽可能大。

（2）高频段。为了使闭环系统具有良好的传感器噪声和高频未建模动态的抑制能力（鲁棒性），需要使得回路传递函数矩阵的最大奇异值尽可能小。

因此，LQG/LTR 设计的核心思想是，首先构造一个能满足上述性能指标和稳定鲁棒性要求的目标反馈回路（target feedback loop，TFL），然后通过设计补偿器 $\boldsymbol{K}(s)$使得其构成的反馈系统的性能近似于目标反馈回路的性能，即“恢复”。如果被控对象是最小相位的，则可以证明 LQG/LTR 控制器的性能可以任意接近于目标反馈回路；若被控对象是非小相位的，则恢复程度受非最小相位传输零点的约束。众所周知，非最小相位零点的存在对系统的性能有本质性的限制，如果非最小相位零点在系统带宽之外或者处于低增益频率区，则其影响会较小，其低频段可以得到近似恢复。

7.2.3　基于 LQG/LTR 的水下航行器多变量鲁棒控制设计

由 NEROV 的数学模型可知，该航行器系统是高维的、多输入多输出的、具有强非线性且高度耦合的动态系统。为了使其既具有好的跟踪和抗干扰性能，又具有对测量噪声和未建模高频动态良好的抑制性能，采用 LQG/LTR 的设计方法对 NEROV 进行控制器的综合。NEROV 的输入向量 $\boldsymbol{u}_1 \in \mathbf{R}^6$，因此可以设计 LQG/LTR 控制器，从而跟踪 6 个参考输入，构成方系统。

在本小节的控制器设计中选择被控输出为 $\boldsymbol{y} = [\varphi, \theta, \psi, x, y, z]^{\mathrm{T}} \in \mathbf{R}^6$。事实上，NEROV 状态方程中的 x 和 y 这 2 个状态并不影响其他的 10 个状态，因此可将它们从状态方程中剔除，这样系统就由 12 阶降为 10 阶，状态变量 $\boldsymbol{x} = [u, v, w, p, q, r, \varphi, \theta, \psi, z]^{\mathrm{T}} \in \mathbf{R}^{10}$。

在 NEROV 控制中，被控输出 $\boldsymbol{y}$ 中状态量的物理单位不一致，因此有必要对输出向量 $\boldsymbol{y}$ 中的量进行尺度上的变换，以使它们之间可以进行有意义的相互比较并记变换矩阵为 $\boldsymbol{S}_y$。事实上，变换矩阵 $\boldsymbol{S}_y$ 是对 $\boldsymbol{y}$ 中变量权重的衡量，对不同的输出变量，通过矩阵 $\boldsymbol{S}_y$ 来反映其最大容许的输出误差。控制输入 $\boldsymbol{u}$ 中的 6 个分量均有相

同的幅值约束，即$|u_i|\leqslant 80\text{N}$，$i=1, 2, \cdots, 6$，因此可以不用考虑控制输入向量 $\boldsymbol{u}$ 的尺度变换。

为了确保系统的零稳态误差，可以通过在被控对象和控制器间设置合适的积分器来实现。首先以经过尺度变换的模型为被控对象，并将积分器动态纳入被控对象以获得其广义被控对象，然后根据广义被控对象设计 LQG/LTR 控制器，最后将积分器纳入控制器从而构成最终实际的控制器。

任何系统的能量有限，因此控制输入 $\boldsymbol{u}$ 存在物理约束，即$|\boldsymbol{u}|\leqslant 80\text{N}$，并且假设 $\boldsymbol{u}$ 无约束，因此可将执行器的动态描述为一个饱和环节。为了避免积分器的 windup 现象（积分器饱和现象），使用如下策略来避免积分器饱和：将执行器的实际输出与控制器输出相比较，从而获得一个误差向量信号 $\boldsymbol{e}_a$，将该误差向量信号通过一个合适的增益矩阵 $\boldsymbol{K}_i$ 反馈加入积分器的输入端。当系统未工作在饱和区时，该反馈并不工作，因此对系统无任何影响；当系统进入饱和区时，这种反馈策略使得误差向量 $\boldsymbol{e}_a$ 向 0 趋近，这使得实际的控制器输出 $\boldsymbol{u}$ 接近于饱和环节的上下极限。这样当误差向量 $\boldsymbol{e}$ 中变量正负号改变时，控制器输出能够跟踪快速改变，从而缩短饱和时间，避免积分器的饱和。

综上所述，基于 LQG/LTR 的水下航行器多变量鲁棒控制系统的设计框图见图 7.2。图 7.2 中的 $\boldsymbol{r}(t)$表示参考输入，NEROV 表示水下航行器的非线性动态。

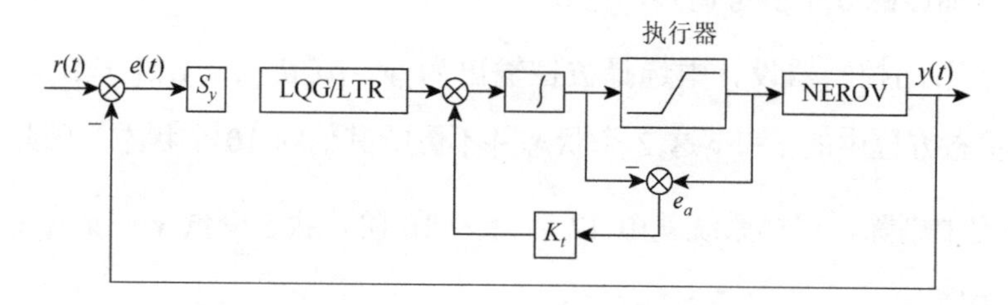

图 7.2　基于 LQG/LTR 的水下航行器多变量鲁棒控制系统设计框图[6]

7.2.4　LQG/LTR 控制方案仿真研究

对 NEROV 系统在工作点进行线性化，进而用此线性模型进行 LQG/LTR 鲁棒控

制器的综合。在该综合过程中引入额外的积分器以实现系统的零稳态误差要求。航行器的状态 $\boldsymbol{x}=[u, v, w, p, q, r, \varphi, \theta, \psi, z]^{\mathrm{T}}$，被控输出 $\boldsymbol{y}=[\varphi, \theta, \psi, x, y, z]^{\mathrm{T}}$，其中，$\varphi$、$\theta$ 和 ψ 是描述水下航行器姿态的 3 个欧拉角；x 和 y 分别是航行器在定系中沿 $E\zeta$ 和 η 轴方向的速度；z 为航行器在定系中沿 $E\zeta$ 轴方向的位置坐标，即航行器的深度。航行器的状态由 6 个推进器控制，且每个推进器的输出有限，满足 $|u_i|\leqslant 80\mathrm{N}$，$i=1,2,\cdots,6$。在数值仿真过程中，航行器的初始状态在 $\boldsymbol{x}_0=[0.5,0,0,0,0,0,0,0,0,6]^{\mathrm{T}}\in\mathbf{R}^{10}$ 附近随机生成。

水下航行器输出 $\boldsymbol{y}=[\varphi, \theta, \psi, x, y, z]^{\mathrm{T}}$ 的时间响应曲线如图 7.3 所示，由图 7.3 可知，$\boldsymbol{y}=[\varphi, \theta, \psi, x, y, z]^{\mathrm{T}}$ 均快速收敛至相应的参考值，稳态误差为 0。图 7.4 给出水下航行器的 6 个推进器的推力。由图 7.4 可知，6 个推进器的推力幅值均满足 $|u_i|\leqslant 80\mathrm{N}$，$i=1,2,\cdots,6$，推力在经过瞬态过渡之后均达到稳态值。$u_5$ 和 u_6 的幅值在过渡阶段初期达到了饱和，而抗饱和机制使得它们能够快速脱离饱和区，提高了系统性能。由以上仿真实验结果可以看出，LQG/LTR 控制方案具有响应快、无稳态误差及鲁棒性好等优良特性。

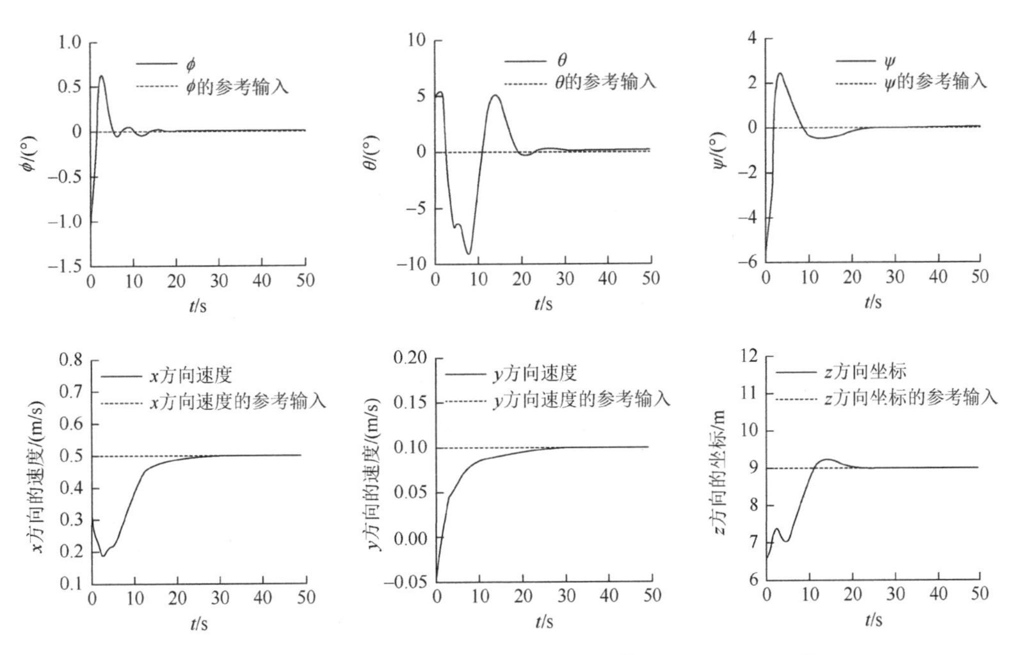

图 7.3　水下航行器输出 $\boldsymbol{y}=[\phi,\theta,\psi,x,y,z]^{\mathrm{T}}$ 的时间响应曲线[6]

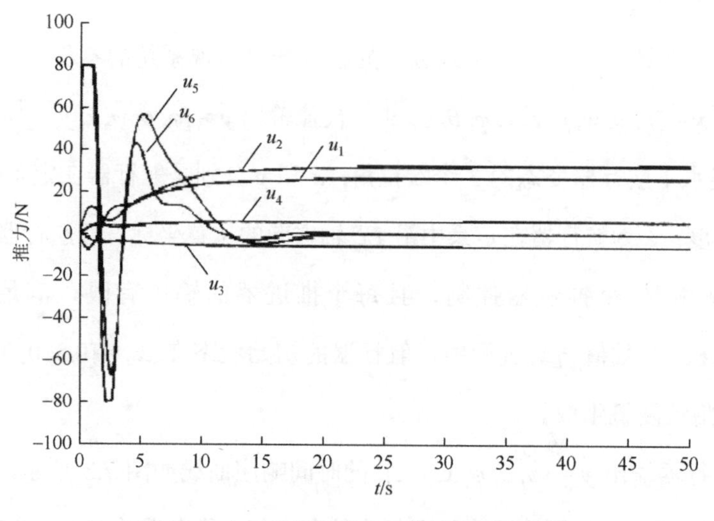

图 7.4 水下航行器的 6 个推进器的推力[6]

7.3 基于分布式控制框架实现水下航行器群协调控制

本节介绍一种双层分布式控制框架，该框架在结构上分为一致协调器网络层和本地控制层。上层的协调器网络层通过群体的非线性一致性协调算法使得各航行器的输入参考值渐近地达成一致；下层的本地控制层通过线性二次型高斯回路传输恢复（LQG/LTR）控制器来实现对参考输入的快速跟踪[6, 7]。该双层分布式控制框架实现了自主式水下航行器群体的协调控制。

7.3.1 非线性一致性协调算法和一致性协调器网络

为了协调航行器群中各自主式水下航行器的输出状态变量，需要在各航行器的本地 LQG/LTR 控制器之上设置一致性协调器网络层。该协调器网络层运行一致性协调算法，并将协调器的输出作为本地 LQG/LTR 控制器的参考输入。通过这样的两层分布控制结构实现整个航行器群的协调控制，使群内航行器的状态趋于一致。

假设群体中的个数为 n，且个体的状态 $x_i \in \mathbf{R}$ $(i = 1, 2, \cdots, n)$。由群体中个体间的相互连接构成无向图 $G = (V, E)$，其中，V 为图 G 的节点集；E 为个体间的连接构

成的边集。节点 i 和节点 j 之间的边 $e_{ij}\in E\Leftrightarrow e_{ji}\in E$。集合 $N_i=\{j|e_{ji}\in E\}$称为节点 i 的邻集，而$|N_i|$定义为节点 i 的度，即 $\deg(V_i)=|N_i|$。$|E|/2$ 称为图 G 的大小或复杂度[8]。基于图 G，考虑如下的非线性一致性协调算法。

定理 7.1　设 $G=(V,E)$是一个连通图，$f(x)=axe^{-(x^2/d)}$，其中，a，$d>0$ 为协调算法的调节参数。设节点 V_i 满足积分动态 $\dot{x}_i=u_i$，应用一致性协调算法

$$u_i=\sum_{j\in N_i}f(x_j-x_i)=\sum_{j\in N_i}a(x_j-x_i)\exp[-(x_j-x_i)^2/d]$$

则群体中所有个体状态全局渐近地达到一致，即

$$x_1(t)=x_2(t)=\cdots=x_n(t),\quad t\to\infty,\quad \forall\,\boldsymbol{x}_0=(x_1(0),x_2(0),\cdots,x_n(0))^{\mathrm{T}}\in\mathbf{R}^n$$

证　将非线性一致性算法 $u_i=\sum\limits_{j\in N_i}f(x_j-x_i)$ 代入节点动力学 $\dot{x}_i=u_i$，得到群体系统的闭环动力学为

$$\dot{x}_i=\sum_{j\in N_i}a(x_j-x_i)\exp[-(x_j-x_i)^2/d] \tag{7.1}$$

设 $\bar{\boldsymbol{x}}(t)=(1/n)\sum\limits_{i=1}^{n}x_i(t)$，显然有 $\dot{\bar{x}}=0$，即 $\bar{x}=(1/n)\sum\limits_{i=1}^{n}x_i(0)$（$t\geqslant 0$），因此 $\bar{x}$ 为系统的一个不变量。设 $\boldsymbol{x}=\bar{x}\boldsymbol{I}+\delta$，其中，$\mathbf{1}=(1,1,\cdots,1)^{\mathrm{T}}$；$\delta$ 为偏差向量。显然 $\sum\limits_{i=1}^{n}\delta_i=0$，且

$$\dot{\delta}_i=\dot{x}_i=\sum_{j\in N_i}a(\delta_j-\delta_i)\exp[-(\delta_j-\delta_i)^2/d] \tag{7.2}$$

设群体偏差函数 $V(\delta)=\delta^{\mathrm{T}}\delta=\|\delta\|^2$，其中，$\|\cdot\|$为 2 范数。对 $V(\delta)$计算沿式（7.2）的时间导数有

$$\dot{V}(\delta)=-\sum_{(i,j)\in E}a(\delta_j-\delta_i)^2\exp[-(\delta_j-\delta_i)^2/d]\leqslant 0$$

故当且仅当$\forall\,(i,j)\in E$，$\delta_i=\delta_j$时 $\dot{V}=0$。又图 G 是连通的，因此 $\delta_i=\delta_j(\forall\,(i,j)\in V)$。因为$\sum\limits_{i=1}^{n}\delta_i=0$，所以有 $\delta_i=0(i=1,2,\cdots,n)$，即 $\delta\neq 0\Rightarrow\dot{V}<0$。而 $V(\delta)=\delta^{\mathrm{T}}\delta=\|\delta\|^2$ 是径向无界的，因此 $\delta=0$ 全局渐近稳定，即当 $t\to\infty$，$\delta(t)\to 0$，也即 $\boldsymbol{x}=\bar{x}\boldsymbol{I}+\delta\to$

$\bar{x}\boldsymbol{I}=(1/n)\sum_{i=1}^{n}x_i(0)\boldsymbol{I}$ 。因此，群体系统中所有个体的状态全局渐近地达到一致。

定理 7.1 证毕。

若对于不同的（i,j）取不同的 a 值，则只需要满足 $a_{ij}=a_{ji}>0$ 就能够保证算法的收敛性，可以通过对不同的（i,j）设置不同的 a_{ij} 值来调节算法的收敛速度和动态品质，使算法更为灵活。

定理 7.2 对于系统式（7.1），$\|\delta(t)\|^2$ 至少需要 $t_{\min}=\|\delta(0)\|^2\mathrm{e}/(adk)$的时间才可能收敛到 0，即群体中的个体状态至少需要 $t_{\min}=\|\delta(0)\|^2\mathrm{e}/(adk)$的时间才可能收敛到一致。

证 设$|E|=k$，函数 $f(x)=x\mathrm{e}^{-(x/d)}$是一个有界函数。当 $x\geqslant 0$ 时，$f(x)$在 $x=d$ 处取最大值 d/e。因此，

$$a(\delta_j-\delta_i)^2\exp[-(\delta_j-\delta_i)^2/d]\leqslant ad/\mathrm{e}$$

那么

$$\dot{V}(\delta)=-\sum_{(i,j)\in E}a(\delta_j-\delta_i)^2\exp[-(\delta_j-\delta_i)^2/d]\geqslant\sum_{(i,j)\in E}(-ad/\mathrm{e})=-(ad/\mathrm{e})|E|=-(adk)/\mathrm{e}$$

因此

$$-(adk)/\mathrm{e}\leqslant\dot{V}\leqslant 0$$

根据

$$\dot{V}\geqslant-(adk)/\mathrm{e}$$

可得

$$-\dot{V}\leqslant(adk)/\mathrm{e}$$

由比较原理可知，$-V(t)\leqslant V(0)+(adk/\mathrm{e})t$，因此有 $V(t)\geqslant V(0)-(adk/\mathrm{e})t$，即

$$\|\delta(t)\|^2\geqslant\|\delta(0)\|^2-(adk/\mathrm{e})t$$

上式对$\|\delta(t)\|^2$的收敛速度进行了估计，即$\|\delta(t)\|^2$至少需要 $t_{\min}=\|\delta(0)\|^2\mathrm{e}/(adk)$的时间才可能收敛到 0，即群体中的个体状态至少需要 $t_{\min}=\|\delta(0)\|^2\mathrm{e}/(adk)$的时间才可能

收敛到一致。

定理 7.2 证毕。

$t_{\min}$既依赖系统的初始状态$\|\delta(0)\|^2$，又依赖协调算法的参数 a 和 d，同时依赖群体中个体构成的图的结构参数 $k=|E|$。这三个因素均影响算法的收敛速度，反过来，可以通过调整这三个因素来设计系统的收敛速度，改善系统的动态品质。

因为图 G 的拓扑连接已知，所以 a，d 和 k 均为常数，可以通过调节一致性算法的参数 a 和 d 及图 G 的拓扑结构（在保证图 G 连通的前提下）来调整 $\dot{V}$ 的下界。这样能够在保证群体系统的状态趋于一致的情形下，通过调节参数改善收敛过程的动态品质。在实际应用中往往对 u 有限制，可以通过提高 $\dot{V}$ 的下界来降低收敛速度，从而满足 u 的幅值约束。这也是构造$u_i=\sum\limits_{j\in N_i}a(x_j-x_i)\exp[-(x_j-x_i)^2/d]$这一特殊结构实现非线性一致性协调算法的原因之一。由$-(adk)/\mathrm{e}\leqslant\dot{V}\leqslant 0$可知，当 a 和 d 增大时，群体系统的收敛速度将加快。当群体内部的拓扑结构连接更加紧密时，$|E|=k$ 增大意味着群体内个体间的直接连接增多，这也使得群体的收敛速度加快。因此，群体一致性协调算法的参数和图的拓扑结构均影响着系统的收敛速度，而这种物理参数和算法收敛速度之间的显式相关是该算法的主要优势。

7.3.2 自主式水下航行器动力学和 LQG/LTR 控制器设计

NEROV 有 6 个控制输入，因此可以设计 LQG/LTR 控制器跟踪 6 个参考输入，构成方系统。在控制器设计中选择被控输出为$\boldsymbol{y}=[\varphi,\theta,\psi,x,y,z]^{\mathrm{T}}$。事实上，NEROV 态方程中的 x 和 y 的状态并不影响其他的 10 个状态，因此可将它们从状态方程中剔除，这样系统就由 12 阶降为 10 阶，状态变量 $\boldsymbol{x}=[u,v,w,p,q,r,\varphi,\theta,\psi,z]^{\mathrm{T}}$。关于 LQG/LTR 控制器的详细设计过程见 7.2 节，在此不再赘述。

7.3.3 NEROV 群双层式分布控制框架

水下航行器群的协调需要各航行器对协调任务有一致的认识，在 NEROV 群协调控制任务中，各 NEROV 需要明确待协调的速度、姿态和深度。而协调器的一致性协调算法保证了共享信息的航行器对信息有一致的认识，因此它对于协调任务的完成至关重要，这种一致性协调算法使得各航行器之间以分布的方式相互作用、相互协调。这种分布式协调过程对外部环境的干扰是鲁棒的。

图 7.5 描述了由 3 个 NEROV 构成的群体的两层式分布协调控制结构：上层为协调器层，下层为 LQG/LTR 控制器层。3 个协调器构成 3 节点的一致性协调器网络层，图 7.5 中的 $\boldsymbol{r}$ 是水下航行器的参考输入。明显地，该图是连通的：协调器 1 分别和协调器 2、协调器 3 直接通信；协调器 2 和协调器 3 之间没有直接通信，它们之间的协调由中继协调器 1 实现。由定理 7.1 可知，当由协调器构成的图 G 连通，且应用非线性一致性协调算法 $u_i = \sum_{j\in N_i} a(x_j - x_i)\exp[-(x_j - x_i)^2 / d]$，即当 $t\to\infty$ 时，$\boldsymbol{x} \to (1/n)\sum_{i=1}^{n} x_i(0)\boldsymbol{I}$ 时，协调器的状态全局渐近地达到一致。各协调器的初值为相应的 NEROV 所期望的输出状态，协调器之间通过协调算法 u_i 实现各期望值的协商一致。各协调器的状态输出作为相应的 LQG/LTR 控制器参考输入信号，LQG/LTR 依据此参考输入信号本地控制实际的航行器，最终实现水下航行器群的协调控制。

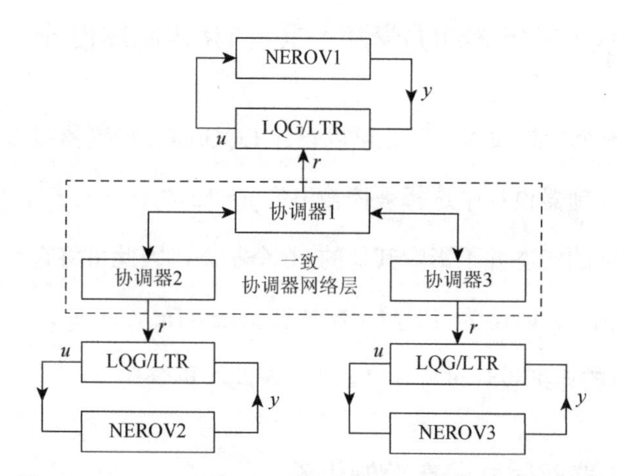

图 7.5 NEROV 群的两层式分布协调控制框架的示意图[9]

基于该一致性协调算法的协调器输出状态信号是“软化”的协调一致性信号。

“软化”指的是每个航行器的参考输入值不会跳跃，而是平滑地从自身期望值过渡到群体一致性协调值，这样会使控制品质更好。

7.3.4 仿真研究

基于两层式协调控制框架，对一个由 5 个 NEROV 组成的群体进行协调控制并对其数值进行仿真。群内个体的动态均按 NEROV 的动态模型，对 NEROV 系统在工作点进行线性化，进而进行 LQG/LTR 鲁棒控制器的综合。在该综合过程中引入额外的积分器以实现系统的零稳态误差要求。各个航行器的初始状态在$[0.5, 0, 0, 0, 0, 0, 0, 0, 0, 6]^{\mathrm{T}} \in \mathbf{R}^{10}$附近随机生成，群内 5 个 NEROV 之间的通信连接所构成的连通图如图 7.6 所示。非线性子系统状态一致性协调算法

$$u_i = \sum_{j \in N_i} a(x_j - x_i)\exp[-(x_j - x_i)^2 / d] \quad (a=1，d=45)$$

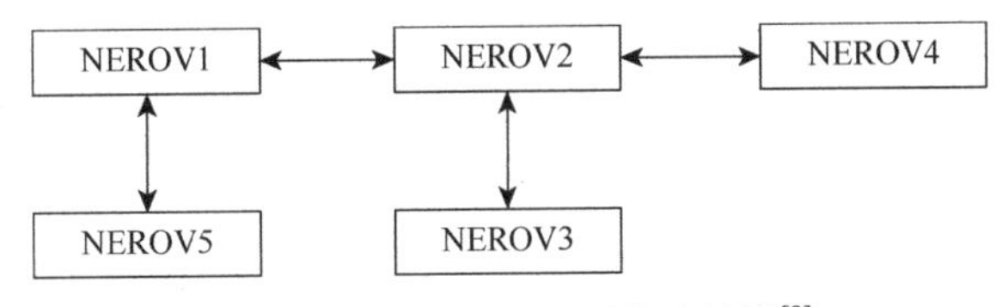

图 7.6 NEROV 群的通信连接图[9]

控制目标是在满足上述约束的条件下使得群内所有的航行器的被控输出趋于一致，即群内所有水下航行器在经历瞬态后姿态一致、深度一致，以及在定系中沿 x 轴和 y 轴方向的速度一致，实现协调控制。图 7.7 为 NEROV 群在三维定系中的轨迹曲线。

由图 7.7 可知，在经历瞬态后，群内所有水下航行器的姿态一致、深度一致，并且在定系中沿 x 轴和 y 轴方向的速度一致。因此，尽管群内 5 个 NEROV 的初始参考输入均不一致，但是应用协调算法，通过个体间的协调使得参考输入最终渐近地达到一致。通过本地的 LQG/LTR 控制器使得各航行器能够快速地跟踪这个协调过程，最终实现群内所有的航行器的实际被控输出趋于一致，因此该两层式协调控制框架实现了群体的分布式协调控制。

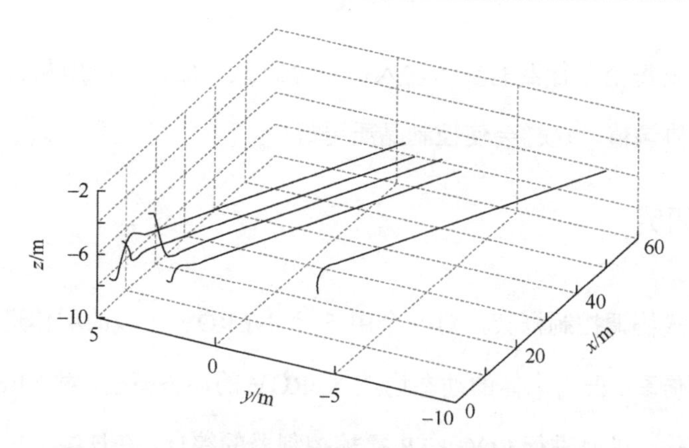

图 7.7 NEROV 群在三维定系中的轨迹曲线[9]

7.4 基于具有通信约束的分布式框架实现水下航行器群编队控制

本节介绍具有通信约束的分布式水下航行器群编队控制算法，证明在水下航行器群构成的动态网络拓扑为连通图的情况下，当航行器间的通信时延小于某个确定的上界时，该编队控制算法将以分布的方式使得群内所有航行器的速度和编队队形分别全局渐近地收敛至期望速度和期望队形，将 Ren[10]的结论推广到非零通信时延的情形。

7.4.1 水下航行器的非线性动力学

采用 Fossen[11]提出的 NEROV 的 6 自由度空间动力学方程，假设水下航行器是在水中自由航行的刚体，航行器在水中受重力、浮力、推进器的推力和其他水动力的作用，并基于力学原理对其进行数学建模。

NEROV 的 6 自由度运动方程（假设流速为 0）可写为

$$\boldsymbol{M}\dot{\boldsymbol{q}}+\boldsymbol{C}(\boldsymbol{q})\boldsymbol{q}+\boldsymbol{D}(\boldsymbol{q})\boldsymbol{q}+\boldsymbol{g}(\boldsymbol{x})=\boldsymbol{B}\boldsymbol{u} \tag{7.3}$$

$$\dot{\boldsymbol{x}}=\boldsymbol{J}(\boldsymbol{x})\boldsymbol{q} \tag{7.4}$$

其中，M 是对称正定的惯性矩阵，它包含航行器的惯量与水动力的增加惯量；

$\boldsymbol{x}_1 = [x, y, z, \varphi, \theta, \psi]^{\mathrm{T}}$ 是航行器在定系中的位置坐标及描述其姿态的 3 个欧拉角；$\boldsymbol{q} = [u, v, w, p, q, r]^{\mathrm{T}}$ 是在动系中的水下航行器的速度向量；$\boldsymbol{C}(\boldsymbol{q})\boldsymbol{q}$ 表示由于航行器和增加惯量产生的向心力和哥氏力，且 $\boldsymbol{C}(\boldsymbol{q})$是反对称的；$\boldsymbol{D}(\boldsymbol{q})\boldsymbol{q}$ 描述了航行器受到的阻尼等耗散水动力项，因此 $\boldsymbol{D}(\boldsymbol{q})$是正定的；$\boldsymbol{g}(\boldsymbol{x})$是由航行器的重力和浮力产生的静力和静力矩；$\boldsymbol{u} = [u_1, u_2, \cdots, u_6]^{\mathrm{T}}$ 是六维控制推力向量，且满足$|u_m| \leqslant 80\mathrm{N}$ $(m = 1, 2, \cdots, 6)$；$\boldsymbol{B}$ 是 6×6 的输入矩阵，其参数由推力设备的位置决定；$\boldsymbol{Bu}$ 描述了推力对航行器产生的力和力矩；$\boldsymbol{J}(\boldsymbol{x})$是定系和动系间的变换矩阵。基于 Fossen[11]的工作，对水下航行器系统进行反馈线性化。

对式（7.4）的两边求时间导数，可得 $\ddot{\boldsymbol{x}} = \boldsymbol{J}\dot{\boldsymbol{q}} + \dot{\boldsymbol{J}}\boldsymbol{q}$，即有 $\dot{\boldsymbol{q}} = \boldsymbol{J}^{-1}(\ddot{\boldsymbol{x}} - \dot{\boldsymbol{J}}\boldsymbol{q})$。

若 $\boldsymbol{u} = \boldsymbol{B}^{-1}[\boldsymbol{M}\boldsymbol{a}_{\boldsymbol{q}} + \boldsymbol{C}(\boldsymbol{q})\boldsymbol{q} + \boldsymbol{D}(\boldsymbol{q}) + \boldsymbol{g}(\boldsymbol{x})]$，可得 $\boldsymbol{M}(\dot{\boldsymbol{q}} - \boldsymbol{a}_{\boldsymbol{q}}) = \boldsymbol{0}$，因此有

$$\boldsymbol{M}\boldsymbol{J}^{-1}(\ddot{\boldsymbol{x}} - \dot{\boldsymbol{J}}\boldsymbol{q} - \boldsymbol{J}\boldsymbol{a}_{\boldsymbol{q}}) = \boldsymbol{0} \tag{7.5}$$

对式（7.5）左右两边同时左乘 $\boldsymbol{J}^{\mathrm{T}}$ 可得

$$\boldsymbol{J}^{-\mathrm{T}}\boldsymbol{M}\boldsymbol{J}^{-1}(\ddot{\boldsymbol{x}} - \dot{\boldsymbol{J}}\boldsymbol{q}) - \boldsymbol{J}^{-\mathrm{T}}\boldsymbol{M}\boldsymbol{J}^{-1}\boldsymbol{J}\boldsymbol{a}_{\boldsymbol{q}}) = \boldsymbol{0} \tag{7.6}$$

记 $\bar{\boldsymbol{M}} = \boldsymbol{J}^{-\mathrm{T}}\boldsymbol{M}\boldsymbol{J}^{-1}$，则式（7.6）可以写为 $\bar{\boldsymbol{M}}(\ddot{\boldsymbol{x}} - \dot{\boldsymbol{J}}\boldsymbol{q} - \boldsymbol{J}\boldsymbol{a}_{\boldsymbol{q}}) = 0$。令 $\boldsymbol{a}_{\boldsymbol{x}} = \dot{\boldsymbol{J}}\boldsymbol{q} + \boldsymbol{J}\boldsymbol{a}_{\boldsymbol{q}}$，则有

$$\bar{\boldsymbol{M}}(\ddot{\boldsymbol{x}} - \boldsymbol{a}_{\boldsymbol{x}}) = \boldsymbol{0} \tag{7.7}$$

$\boldsymbol{M} = \boldsymbol{M}^{\mathrm{T}} > 0$ 且 $\bar{\boldsymbol{M}} = \boldsymbol{J}^{-\mathrm{T}}\boldsymbol{M}\boldsymbol{J}^{-1}$，因此 $\bar{\boldsymbol{M}}$ 也对称正定，进而由式（7.7）可知

$$\ddot{\boldsymbol{x}} = \boldsymbol{a}_{\boldsymbol{x}} \tag{7.8}$$

若将 $\boldsymbol{a}_{\boldsymbol{x}}$ 视为变换后的输入变量，则式（7.8）是关于水下航行器在定系下的位置与姿态的双积分动态。

若 $\boldsymbol{a}_{\boldsymbol{x}}$ 可以在线获得，则实际控制输入为

$$\boldsymbol{u} = \boldsymbol{B}^{-1}[\boldsymbol{M}\boldsymbol{J}^{-1}(\boldsymbol{a}_{\boldsymbol{x}} - \dot{\boldsymbol{J}}\boldsymbol{q}) + \boldsymbol{C}(\boldsymbol{q})\boldsymbol{q} + \boldsymbol{D}(\boldsymbol{q})\boldsymbol{q} + \boldsymbol{g}(\boldsymbol{x})] \tag{7.9}$$

令 $\boldsymbol{x}_1 = [x, y, z]^{\mathrm{T}}$，$\boldsymbol{x}_2 = [\varphi, \theta, \psi]^{\mathrm{T}}$，$\boldsymbol{a}_{\boldsymbol{x}} = [\boldsymbol{a}_{\boldsymbol{x}_1}, \boldsymbol{a}_{\boldsymbol{x}_2}]^{\mathrm{T}}$，可将式（7.8）分解为

$$[\ddot{\boldsymbol{x}}_1, \ddot{\boldsymbol{x}}_2]^{\mathrm{T}} = [\boldsymbol{a}_{\boldsymbol{x}_1}, \boldsymbol{a}_{\boldsymbol{x}_2}]^{\mathrm{T}} \tag{7.10}$$

将 $\boldsymbol{a}_{\boldsymbol{x}}$ 分解为两部分是为了将水下航行器的位置变量与姿态变量分开控制。

对于姿态动态 $\ddot{\boldsymbol{x}}_2 = \boldsymbol{a}_{\boldsymbol{x}_2}$，控制目标是使航行器的姿态 $\boldsymbol{x}_2 \to 0$，即 $\boldsymbol{x}_2 = [\varphi, \theta, \psi]^{\mathrm{T}} \to [0, 0, 0]^{\mathrm{T}}$。考虑比例微分控制，即

$$\boldsymbol{a}_{\boldsymbol{x}_2} = -2\lambda\dot{\boldsymbol{x}}_2 - \lambda^2\boldsymbol{x}_2 \tag{7.11}$$

其中，λ 为正常数。将式(7.11)代入 $\ddot{\boldsymbol{x}}_2 = \boldsymbol{a}_{\boldsymbol{x}_2}$ 即有 $\ddot{\boldsymbol{x}}_2 + 2\lambda\dot{\boldsymbol{x}}_2 + \lambda^2\boldsymbol{x}_2 = 0$，因此有 $\boldsymbol{x}_2 \to 0$。

水下航行器在定系中空间位置动态由双积分动态系统来描述，即

$$\ddot{\boldsymbol{x}}_1 = \boldsymbol{a}_{\boldsymbol{x}_1} \tag{7.12}$$

7.4.2　水下航行器群编队控制

考虑由 n 个个体构成的群体系统，群体中个体的动态为双积分动态，即

$$\dot{p}_i = q_i, \dot{q}_i = u_i, \quad i = 1, 2, \cdots, n \tag{7.13}$$

其中，$p_i \in \mathbf{R}$、$q_i \in \mathbf{R}$ 和 $u_i \in \mathbf{R}$ 分别为个体 i 的信息状态、信息状态的时间导数及控制输入。定义整个动态网络的信息状态及其时间导数分别 $\boldsymbol{p}(t) = [p_1(t), p_2(t), \cdots, p_n(t)]^{\mathrm{T}}$ 和 $\boldsymbol{q}(t) = [q_1(t), q_2(t), \cdots, q_n(t)]^{\mathrm{T}}$，定义整个动态网络的状态为三元组 $G_{\boldsymbol{p},\boldsymbol{q}} = (G, \boldsymbol{p}, \boldsymbol{q})$，其中，$G$ 为网络的拓扑结构。假设群内个体间的通信存在时延，且个体间的通信时延均相同，那么可记通信时延 $\tau > 0$。提出如下二阶协调一致性算法，即

$$u_i = \sum_{j \in N_i} a_{ij}[\beta_0(p_j(t-\tau) - p_i(t-\tau)) + \beta_1(q_j(t-\tau) - q_i(t-\tau))] + \dot{q}^* - k(q_i - q^*) \tag{7.14}$$

其中，反馈增益 β_0、β_1 和 k 均为正常数；a_{ij} 构成网络拓扑的加权邻接矩阵 $\boldsymbol{A}$，$\boldsymbol{A} = [a_{ij}]$；$N_i$ 为个体 i 的邻居集；q^* 是网络中所有个体的信息状态时间导数的参考信号。

由式（7.14）可知，个体仅需要知道其邻近个体的信息，而不需要知道网络中所有个体的状态，因此在这个意义上控制策略式（8.14）是分布式的。设计分布式二阶协调一致性算法的目的是保证当 $t \to \infty$ 时，$p_i \to p_j$，$q_i \to q_j \to q^*$（$\forall\, i \neq j$），即网络中所有个体的信息状态及其时间导数分别渐近地达到一致性且信息状态的时间导数跟踪到一个共同的参考信号。引入参考信号 q^* 是由于在很多情况下不仅需要 q_i 能够全局渐近地趋于一致，而且希望能够收敛到期望的时间导数值。例如，在水下航行器群的编队控制中，希望群体中所有航行器的速度均收敛于某个期望值或参考速度曲线。

因此，当通信时延不能忽略时（如水下航行器间存在的通信时延），Ren[10]提出的分布式一致性算法的实用性较为有限。

Yang 和 Fang[12]描述了算法式（7.14）对通信时延的鲁棒性，给出通信时延的紧上界。在动态网络拓扑为连接图的情况下，当网络中个体间的通信时延小于某个确定的上界时，一致性协调算法将以分布的方式使得动态网络中所有个体的信息状态及其时间导数，分别全局渐近地达到一致且信息状态的时间导数跟踪到一个共同的参考信号 q^*。

定理 7.3[12]　考虑由 n 个智能体组成的动态系统，假设由群体中所有个体构成的无向图 G 是连通的，个体接收到其邻居个体的信息状态及其时间导数均存在一个固定的时延 τ。个体的动态根据式（7.13）且应用二阶协调一致性协议式（7.14），那么网络中所有个体的信息状态及其时间导数分别渐近地达到一致，且信息状态的时间导数跟踪一个共同的参考信号 q^*，当且仅当通信时延 τ 满足 $0 \leqslant \tau < \tau^*$，其中，

$$\tau^* = \min_{i>1}\{[\arctan(\beta_1\eta_i / \beta_0) + \arctan(k / \eta_i)] / \eta_i\}$$

$$\eta_i = \left\{\left\{-(k^2 - \mu_i^2\beta_1^2) + [(k^2 - \mu_i^2\beta_1^2)^2 + 4\mu_i^2\beta_0^2]^{1/2}\right\}\Big/2\right\}^{1/2} > 0$$

其中，μ_i 为图 G 的负拉普拉斯矩阵 $-\boldsymbol{L}$ 的第 i 个特征值，且 $\mu_n \leqslant \mu_{n-1} \leqslant \cdots \leqslant \mu_2 < \mu_1 = 0$。

定理 7.4　考虑由 n 个水下航行器组成的动态系统，每个航行器的非线性动力学方程由式（7.3）和式（7.4）描述，每个航行器接收到其邻居航行器的位置和速度信息均存在一个固定的时延 τ，那么考虑如下分布式水下航行器群编队控制策略，即

$$\boldsymbol{a}_{\boldsymbol{x}_1}^i = \sum_{j \in N_i} a_{ij}[\beta_0((\boldsymbol{x}_1^j(t-\tau) - \delta^j) - (\boldsymbol{x}_1^i(t-\tau) - \delta^i)) + \beta_1(\boldsymbol{v}_1^j(t-\tau) - \boldsymbol{v}_1^i(t-\tau))] + \dot{\boldsymbol{v}}^* - k(\boldsymbol{v}_1^i - \boldsymbol{v}^*) \tag{7.15}$$

其中，$\boldsymbol{a}_{\boldsymbol{x}_1}^i \in \mathbf{R}^3$、$\boldsymbol{x}_1{}^i \in \mathbf{R}^3$ 和 $\boldsymbol{v}_1{}^i \in \mathbf{R}^3$ 分别表示第 i 个水下航行器在定系中的控制输入、位置和速度；$\boldsymbol{v}^* \in \mathbf{R}^3$ 表示水下航行器群的参考速度；$\delta_i \in \mathbf{R}^3$ 为定常或时变向量。

对每个水下航行器应用由式（7.15）、式（7.11）和式（7.9）构成的控制推力 $\boldsymbol{u}^i$。假设水下航行器群构成的拓扑图是连通的且每个航行器的控制推力 $\boldsymbol{u}^i$ 始终未达到饱

和（即$|\boldsymbol{u}_m^i|<80$ N，$m=1,2,\cdots,6$），当且仅当通信时延τ满足$0\leqslant\tau<\tau^*$，群内所有航行器的速度和编队队形分别全局渐近地收敛至期望速度和期望队形。

证 $\boldsymbol{x}_1^i-\delta^i$和$\boldsymbol{v}_1^i$分别以$p_i$和$q_i$的角色满足时延一致性动态式（7.13）和式（7.14），因此当通信时延满足定理 7.3 的条件时，算法式（7.15）保证了$\boldsymbol{x}_1^i-\delta^i\rightarrow\boldsymbol{x}_1^j-\delta^j$和$\boldsymbol{v}_1^i\rightarrow\boldsymbol{v}_1^j\rightarrow\boldsymbol{v}^*(t)$（$\forall\, i\neq j$），即$\boldsymbol{x}_1^i-\boldsymbol{x}_1^j\rightarrow\delta^i-\delta^j=\boldsymbol{l}_{ij}$和$\boldsymbol{v}_1^i\rightarrow\boldsymbol{v}_1^j\rightarrow\boldsymbol{v}^*(t)$（$\forall\, i\neq j$），可以合理选择$\delta^i$使水下航行器能够收敛到期望的相对位置，实现水下航行器群的编队机动。因此，有

$$\boldsymbol{u}^i=\boldsymbol{B}^{-1}[\boldsymbol{M}\boldsymbol{J}^{-1}(\boldsymbol{a}_{\boldsymbol{x}}^i-\dot{\boldsymbol{J}}\boldsymbol{q}^i)+\boldsymbol{C}(\boldsymbol{q}^i)\boldsymbol{q}^i+\boldsymbol{D}(\boldsymbol{q}^i)\boldsymbol{q}^i+\boldsymbol{g}(\boldsymbol{x}^i)]$$

其中，$\boldsymbol{a}_{\boldsymbol{x}}^i=[\boldsymbol{a}_{\boldsymbol{x}_1}^i,\boldsymbol{a}_{\boldsymbol{x}_2}^i]^{\mathrm{T}}$为航行器$i$在惯性系中的加速度，$\boldsymbol{a}_{\boldsymbol{x}_1}^i$和$\boldsymbol{a}_{\boldsymbol{x}_2}^i$分别由式（7.11）和式（7.15）确定。当且仅当$0\leqslant\tau<\tau^*$时，群内所有航行器的速度和编队队形分别全局渐近地收敛至期望速度和期望队形。

定理 7.4 证毕。

为了描述群体的实际队形与期望队形的偏差，定义$E=\dfrac{1}{2}\sum\limits_{i=1}^{n}\sum\limits_{j=1}^{n}\left\|(\boldsymbol{x}_1^i-\delta^i)-(\boldsymbol{x}_1^j-\delta^j)\right\|^2$为水下航行器群的编队误差。

7.4.3 仿真分析

考虑由图 7.8 的网络拓扑无向图G代表的水下航行器群编队机动问题。图 7.8 中航行器节点之间连线上的数字是该边所代表连接的相应权值。反馈增益β_0和β_1均设为 1。由图 7.8 可知图G是连通的。

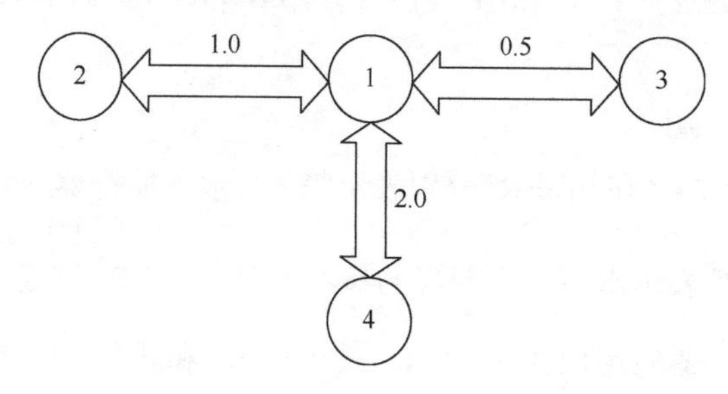

图 7.8 网络拓扑无向图 G[13]

假设由水下航行器群构成的期望编队队形是边长为 2 m 的正四面体，期望的编队速度 $\boldsymbol{v}^* = (0.2, 0.2, 0)^{\mathrm{T}}$。由定理 7.4 可知，网络所能容忍的最大通信时延 $\tau^* = 0.9736$ s。应用四阶龙格-库塔法对该水下航行器群系统进行数值仿真，仿真步长为 0.01 s，仿真时间为 50 s。各水下航行器的初始状态随机产生，同时在仿真中包含了水下航行器的推力幅值约束，即$|u_i| \leqslant 80$ N ($i = 1, 2, \cdots, 6$)。图 7.9 和图 7.10 分别给出在 $\tau = 0.5\tau^*$时水下航行器群在三维定系中的轨迹曲线和编队误差曲线。图 7.9 中的实线表示 4 个航行器的重心轨迹；圆点表示它们的初始位置；三角形表示数值仿真结束时的位置(即 $t = 50$ s 时的重心位置)；方形表示航行器群在 $t = 20$ s 和 $t = 40$ s 时的空间位置；虚线将航行器群在不同时刻的空间坐标连接起来以便于观察该时刻的实际空间队形。

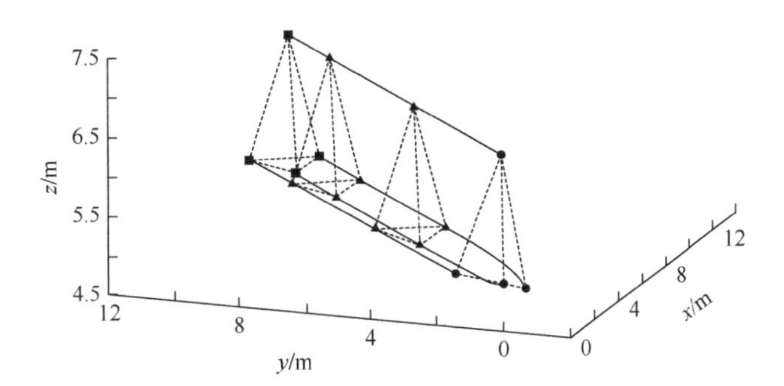

图 7.9　$\tau = 0.5\tau^*$时水下航行器群在三维定系中的轨迹曲线[13]

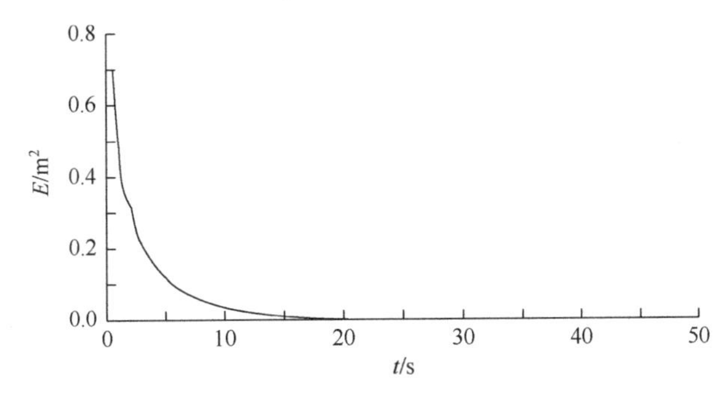

图 7.10　$\tau = 0.5\tau^*$时水下航行器群在三维定系中的编队误差曲线[13]

由图 7.9 和图 7.10 可知，水下航行器在分布式控制策略式（7.15）的作用下，其编队航行速度快速收敛至期望速度 $\boldsymbol{v}^* = (0.2, 0.2, 0)^{\mathrm{T}}$，编队误差 E 快速收敛至 0（即水下航行器群的实际队形和期望队形相一致)。因此，当 $\tau<\tau^*$ 时群内所有航行器的速度和编队队形分别全局渐近地收敛至期望速度和期望队形。

图 7.11 和图 7.12 分别给出 $\tau=\tau^*$ 时水下航行器群在三维定系中的轨迹曲线和编队误差曲线。由图 7.11 可知，系统将作振荡运动，编队航行速度无法收敛至期望速度。由图 7.12 可知，水下航行器群的实际队形无法收敛至期望队形，编队误差 E 持续振荡，因此数值仿真结果和理论结果一致。

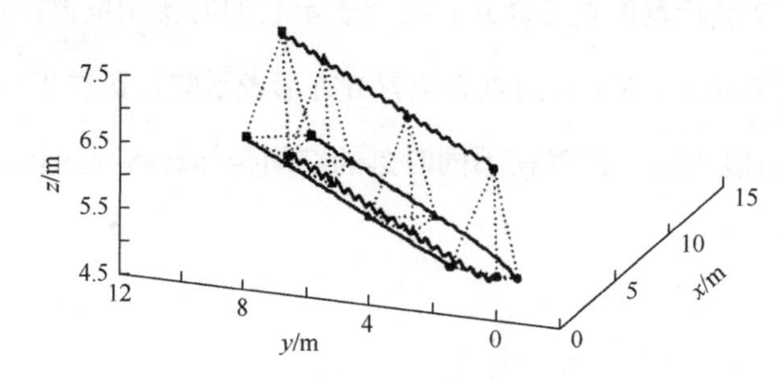

图 7.11 $\tau=\tau^*$ 时水下航行器群在三维定系中的轨迹曲线[13]

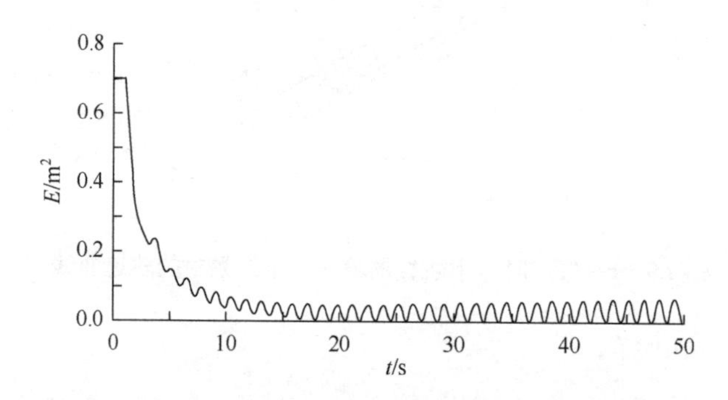

图 7.12 $\tau=\tau^*$ 时水下航行器群在三维定系中的编队误差曲线[13]

7.5 小 结

本章主要介绍了群体系统的协调控制理论在水下航行器群中的应用。7.2 节介绍了基于 LQG/LTR 的水下航行器多变量鲁棒控制设计方法，使得水下航行器控制系统在被控对象模型不确定及受到随机干扰情况下具有良好的鲁棒性和动态品质。7.3 节介绍了一种两层分布式控制框架来实现水下航行器群的协调控制目标。这种框架在结构上分为一致性协调器网络层和本地控制层。上层的协调器网络层通过群体的非线性一致性协调算法使得各航行器的输入参考值渐近达成一致。本地控制层通过线性二次型高斯回路传输恢复（LQG/LTR）控制器实现对参考输入的快速跟踪。这证明了非线性一致性协调算法的收敛性并定量地分析了群体拓扑和一致性协调算法参数等因素对收敛速度的影响。7.3 节的主要结果详见作者发表的相关论文。7.4 节介绍了具有通信约束的分布式水下航行器群编队控制算法，证明了在水下航行器群构成的动态网络拓扑为连通图的情况下，当航行器间的通信时延小于某个确定的上界时，该编队控制算法将以分布的方式使得群内所有航行器的速度和编队队形分别全局渐近地收敛至期望速度和期望队形。本章的主要结果详见作者发表的相关论文[6, 9, 13]。

参 考 文 献

[1] 李文魁，陈永冰，田蔚风. 现代船舶动力定位系统设计[J]. 船海工程，2007，36（5）：77-79.

[2] 胡建军，郝英泽. 潜艇定深运动仿人智能综合自动控制[J]. 船海工程，2007，36（2）：97-99.

[3] 朱军，高俊吉，黄昆仑. 潜艇定深运动的自适应模糊控制研究[J]. 海军工程大学学报，2004，16（2）：83-88.

[4] 杨国勋，郭晨，贾欣乐. 强化学习算法应用于船舶运动的混合智能控制[J]. 信息与控制，2002，31（2）：127-131.

[5] FOSSEN T I，BALCHEN J G. The nerov autonomous underwater vehicle[C]//. Oceans 91 Proceedings，October 1-3，1991，Honolulu，Hawaii，USA. IEEE：1414-1420.

[6] 杨波，方华京. 基于 LQG/LTR 的水下航行器多变量鲁棒控制[J]. 船海工程，2008，37（2）：142-144.

[7] DOYLE J，STEIN G. Multivariable feedback design：concepts for a classical/modern synthesis [J]. IEEE Transactions on Automatic Control，1981，26（1）：4-16.

[8] GODSIL C D，ROYLE G. Algebraic graph theory [M]. New York：Springer-Verlag，2004.

[9] 杨波，方华京. 分布式控制框架实现水下航行器群协调控制[J]. 华中科技大学学报（自然科学版），2008，（12）：39-42.

[10] REN W. Consensus strategies for cooperative control of vehicle formations [J]. IET Control Theory & Applications，2007，1（2）：505-512.

[11] FOSSEN T I. Guidance and control of ocean vehicles [M]. New York：Wiley，1994.

[12] YANG B，FANG H. Forced consensus in networks of double integrator systems with delayed input [J]. Automatica，2010，46（3）：629-632.

[13] 杨波，方华京. 具有通信约束的分布式水下航行器群编队控制[J]. 华中科技大学学报（自然科学版），2009，（2）：57-60.

第 8 章　群体系统的协调控制理论在网络社团结构探测中的应用

8.1 概　　述

在过去的 10 年里，复杂网络科学的兴起在科学界掀起了研究热潮[1-4]。一部分是由于人们对理解现实世界中的复杂系统越来越感兴趣，另一部分是由于它在许多领域的广泛应用，如互联网、神经网络、社交网络、电网和生物组织[5-9]等。随着对复杂网络研究的深入，学者特别关注在网络中普遍存在的一些统计特性，在复杂系统中存在的最显著的特性之一是社团结构[10-12]，这意味着节点被划分为若干组，在同一组中它们紧密地连接在一起，而组与组之间只有非常稀疏的连接。社团结构探测是为了在网络中寻找一个合适的划分来识别这类群体，这对揭示整个网络更深层次的结构和功能模块很有帮助。由于复杂网络科学中探测社团的重要性，科学家在这方面投入了大量的精力，并已经提出一些方法，如图划分[13]、谱算法[14]、基于模块度的算法[15, 16]和层次聚类算法[17]，这些算法可以分为凝聚算法和分裂算法。此外，复杂网络的一个重要研究目的是了解拓扑结构对动力学过程的影响。因此，探测社团的动力学算法成为焦点问题，例如，许多物理学家将他们的思想集中在自旋模型[18]、随机游走[19]和同步[20]上。Fortunato[21]介绍了大多数被提出的方法。此外，协调一致性也是一个重要的方法，它采用在图上运行的过程，并已被重点研究。Chen 等[22]研究了基于马尔可夫链和非负矩阵分析的聚类一致性问题。本章将群体系统的协调控制理论应用在网络社团结构探测中，介绍三种探测网络社团结构的方法：基于一致性动力学和动态矩阵的方法、基于一致性动力学和空间变换的方法和基于一致性与领导者节点选择之间的交替动力学方法。

8.2　基于一致性动力学和动态矩阵探测网络社团结构

本节主要从一致性的动态过程中提取定量信息，依赖代数图理论、矩阵理论和控制理论，来探寻社团结构。

本节介绍的两种算法可以解决以下关于网络社团结构的问题：这个网络是否表现出社团结构，如果是，网络中存在多少社团，社团结构是强还是弱。此外，还提供了关于层次化社团组织拓扑的信息：层级数、每级社团数和每级社团结构的强度。

8.2.1　基础理论

令 $G=(V,E)$为 n 阶无向图，有节点集合 $V=\{v_1,v_2,\cdots,v_n\}$和连边集合 $E\subseteq V\times V$。节点索引属于有限的索引集 $l=\{1,2,\cdots,n\}$。v_i和 v_j之间的一条边由 $e_{ij}=(v_i,v_j)$表示。如果 $e_{ij}\in E$，则称 v_j是 v_i的一个邻居，且节点 v_i的邻居集合由 $N_i=\{j|j\in l,\ (v_i,v_j)\in E\}$表示。加权邻接矩阵 $\boldsymbol{A}$ 是图 G 在图论和计算机科学中的基本表达，定义为

$$A_{ij}=\begin{cases}1, & e_{ij}\in E\\ 0, & \text{其他}\end{cases} \tag{8.1}$$

另外假设对于所有 $i\in l$，$A_{ii}=0$。

假设图 G 中的每个节点都是具有如下线性动力学特性的动态智能体。

$$\dot{x}_i(t)=u_i(t) \tag{8.2}$$

其中，$x_i\in\mathbf{R}$ 表示节点 v_i的值。节点的值可能表示对应智能体的任何物理状态。相应地，$\boldsymbol{X}=(x_1,x_2,\cdots,x_n)^{\mathrm{T}}$表示网络的值。

在分布式控制系统中，每个智能体根据从其邻居接收到的信息更新其当前状态。状态反馈

$$u_i=k_i(x_{j1},\cdots,x_{jm}) \tag{8.3}$$

称为协议，如果聚类 $J_i=\{v_{j1},v_{j2},\cdots,v_{jm}\}$，则满足 $J_i\subseteq\{v_i\}\cup N_i$。

当且仅当 $x_i = x_j$ 时，称网络中节点 v_i 和 v_j 一致；当且仅当对于所有 $i, j \in l$，$x_i = x_j$，称网络中的节点已经达到一致。如果分布式系统式（8.2）能在协议式（8.3）下达到一致，则协议式（8.3）称为一致性协议。

为了解决一致性问题，通常使用下列协议，即

$$u_i = \sum_{j \in N_i} A_{ij}(x_j - x_i) \tag{8.4}$$

那么网络的值将会根据以下系统进行演化，即

$$\dot{\boldsymbol{X}}(t) = -\boldsymbol{L}\boldsymbol{X}(t) \tag{8.5}$$

其中，矩阵 $\boldsymbol{L}$ 称为图拉普拉斯矩阵，定义为

$$L_{ij} = \begin{cases} \sum\limits_{k=1,\ k \neq i}^{n} A_{ik}, & i = j \\ -A_{ij}, & i \neq j \end{cases} \tag{8.6}$$

显然，图拉普拉斯矩阵特征值的位置对系统式（8.5）的稳定性有重要影响。为了研究图 G 拓扑和 $\boldsymbol{L}$ 的特征值谱之间的关系，Fiedler 定义 $\boldsymbol{L}$ 的第二小特征值（或 λ_2）为图 G 的代数连通度，也称为 Fiedler 特征值。对于密集的图 G，λ_2 相对较大，稀疏图 G 的 λ_2 相对较小。

8.2.2 社团结构探测算法

本小节将分析社团结构与一致性动力学的关系。Olfati-Saber 和 Murray[23]发现了图的代数连通度与协调一致性协议的协调速度之间正相关的关系，说明密集互连的节点组比稀疏连接的节点组能更快地达到一致。特别是，对于具有社团结构的网络，良好定义的社团对应的子网络首先达到一致，这些社团在较长时间内收敛到最终的一致空间。

因此，可以根据已解决的一致性问题来确定图的社团结构。本小节介绍两种方法，通过可视化不同的观测量来提取节点如何在顺序过程中达到一致的信息。

1. 社团探测算法一

1）社团探测机制

首先介绍模块的定义，解释模块的演化如何表示网络可推测的社团结构。在协调一致的过程中，一组节点如果满足以下两个条件，就称为一个模块：①它们彼此达到一致；②与外部节点一致。

通常，那些具有高密度互连和稀疏外部连接的节点集在短时间内就会成为模块。然后空间中越来越大的组也根据拓扑结构形成模块，直到整个图成为一个模块。因此，可得到一个解决一致性问题的动态途径，这个动态途径将揭示不同的可能代表社团的拓扑结构。这意味着，不同时间尺度上模块的数量可表示潜在的社团数量。

2）观测量的可视化

由于可通过观察模块的数量来研究社团结构，所以从一致性过程中提取模块演化的定量信息非常重要。一个依赖一致性动力学的动态矩阵 $\boldsymbol{D}$ 定义为：当节点 v_i 和 v_j 达到一致时，$D_{ij}=1$；当节点 v_i 和 v_j 没有达到一致时，$D_{ij}=0$。特别地，$D_{ii}=1$ 对于所有的 $i\in l$ 都成立。

$$D_{ij}(t)=\begin{cases}1, & \delta_{ij}\leqslant T\\ 0, & \delta_{ij}>T\end{cases} \tag{8.7}$$

其中，$\delta_{ij}(t)=|x_j(t)-x_i(t)|$；$T$ 是确定不同组之间边界的阈值。

设 m 为模块的个数，N_1 为矩阵 $\boldsymbol{D}$ 的非零特征值的个数。根据矩阵理论可知，当一组节点成为一个模块时，这个模块中节点对应的矩阵 $\boldsymbol{D}$ 的特定行是相同的。因此，模块的数量等于矩阵 $\boldsymbol{D}$ 的非零特征值的数量，即 $m=N_i$。

此外，假设一个模块出现在 t_1，消失在 t_2，其中，t_1 取决于内部边的密度，t_2 取决于外部连接的密度。然后时间尺度（t_2-t_1）意味着网络相应划分的相对稳定。因此，如果绘出矩阵 $\boldsymbol{D}$ 的非零特征值作为时间函数的数量变化曲线，即可研究网络的社团结构。

2. 社团探测算法二

1）社团探测机制

对于一个网络，假设所有节点都是孤立的，并且一开始有 n 个断开连接的组成。然后应用协议式（8.4）对系统进行分析，在 v_i 与 v_j 一致时，将 v_i 和 v_j 以一种动态边连接。随着时间的推移，节点单元将按照拓扑结构按顺序连接。在这个过程中，可得到一系列不连通的图，这个动态过程将揭示网络可能的社团结构。非连通图表示网络在不同时间尺度下的潜在划分，每个非连通图中断开连接部分的数量表示对应划分的社团数量。同样，如果把分离部分的数量作为时间的函数绘制出来，则每个平滑区域的时间尺度意味着相应划分的相对稳定性。

2）观测量的可视化

由于断开连接部分的数量表示社团的可推测数量，可从一致过程中提取关于断开连接部分的数量的信息。因此，首先定义一个动态邻接矩阵 $\tilde{\boldsymbol{A}}$ 为

$$\tilde{\boldsymbol{A}}_{ij}(t)=\begin{cases}1, & i\neq j \text{ 且 } \delta_{ij}(t)\leqslant T\\ 0, & \text{其他}\end{cases} \tag{8.8}$$

其中，$\delta_{ij}(t)=|x_j(t)-x_i(t)|$；$T$ 是确定不同组之间边界的阈值。

在矩阵 $\tilde{\boldsymbol{A}}$ 的演化过程中，可以得到一系列图 $G(\tilde{\boldsymbol{A}})$，然后通过下式得到每个图 $G(\tilde{\boldsymbol{A}})$ 对应的拉普拉斯矩阵 $\tilde{\boldsymbol{L}}$ 为

$$\tilde{L}_{ij}=\begin{cases}\displaystyle\sum_{k=1,\ k\neq i}^{n}\tilde{A}_{ik}(t), & i=j\\ -\tilde{A}_{ij}(t), & i\neq j\end{cases} \tag{8.9}$$

图 $G(\tilde{\boldsymbol{A}})$ 中断开部分的数量等于对应 $\tilde{\boldsymbol{L}}$ 零特征值的个数，则可绘制 $\tilde{\boldsymbol{L}}$ 的零特征值矩阵的数量作为时间的函数，观察不同网络划分的相对稳定性。

3. 算法综合分析

虽然算法一和算法二都是围绕着在一致期间可视化观测量的演化而构建的，但

它们的结果可能不会一直保持一致。这可以解释为两种算法的观测量不同，产生了一致性问题的不同解决途径，从而揭示了社团结构。

（1）在算法一中，当一组节点彼此一致时，就会识别出一组节点，并与相同外部节点达到一致；在算法二中，当一组节点与该组中的任何节点达成一致时，就会识别出一组节点。

（2）算法一观察矩阵 $\boldsymbol{D}$ 的非零特征值个数，算法二观察矩阵 $\tilde{\boldsymbol{L}}$ 的零特征值个数。此外，矩阵 $\boldsymbol{D}$ 的对角元素与矩阵 $\tilde{\boldsymbol{A}}$ 的对角元素不同：对任意的 $i\in l$，定义 $D_{ii}=1$ 而 $\tilde{A}_{ii}=0$。

为了解决和比较算法一和算法二如何反映图的社团结构，下面将通过一个简单的例子来说明观测量的演变。对于图 8.1（a）中的 4 个节点的连通图，假设 $\boldsymbol{X}(0)=[3,1,5,7]^{\mathrm{T}}$ 为初始值，对协议式（8.4）下的系统进行分析，图 8.1（b）为所有节点的状态轨迹。

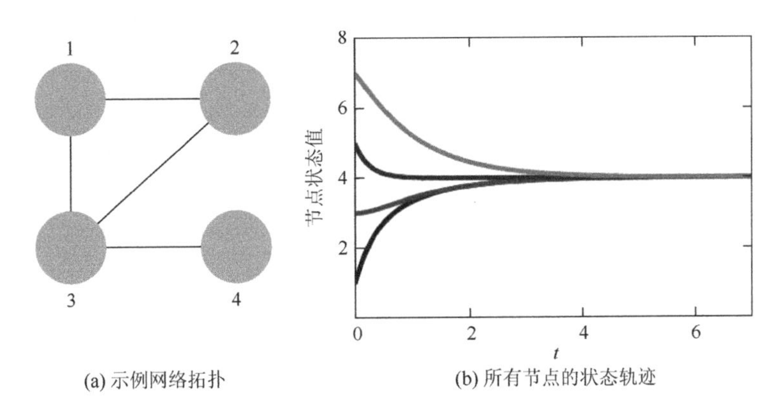

(a) 示例网络拓扑　　(b) 所有节点的状态轨迹

图 8.1　示例网络拓朴与节点状态轨迹[24]

图 8.2 中将一种动态边表示为节点对在达到一致时由虚线连接。图 8.2 显示了达到一致的过程。

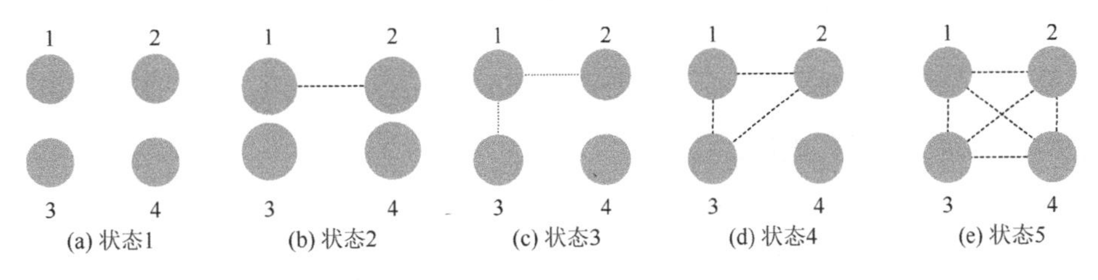

(a) 状态1　(b) 状态2　(c) 状态3　(d) 状态4　(e) 状态5

图 8.2　一致过程中动态边的演化[24]

表 8.1 表示与图 8.2 中的图对应的矩阵 $\boldsymbol{D}$ 的演化，N_1 表示矩阵 $\boldsymbol{D}$ 的非零特征值的个数（相当于模块的个数）。表 8.2 表示与图 8.2 中的图对应的矩阵 $\tilde{\boldsymbol{L}}$ 的演化，N_2 表示矩阵 $\tilde{\boldsymbol{L}}$ 的零特征值个数（相当于断开的部分个数）。

表 8.1 与图 8.2 中的图对应的矩阵 $\boldsymbol{D}$ 的演化[24]

	(a)				(b)				(c)				(d)				(e)			
$\boldsymbol{D}$	1	0	0	0	1	1	0	0	1	1	1	0	1	1	1	0	1	1	1	1
	0	1	0	0	1	1	0	0	1	1	0	0	1	1	1	0	1	1	1	1
	0	0	1	0	0	0	1	0	1	0	1	0	1	1	1	0	1	1	1	1
	0	0	0	1	0	0	0	1	0	0	0	1	0	0	0	1	1	1	1	1
N_1	4				3				4				2				1			

表 8.2 与图 8.2 中的图对应的矩阵 $\tilde{A}$ 和 $\tilde{\boldsymbol{L}}$ 的演化[24]

	(a)				(b)				(c)				(d)				(e)			
$\tilde{A}$	0	0	0	0	0	1	0	0	0	1	1	0	0	1	1	0	0	1	1	1
	0	0	0	0	1	0	0	0	1	0	0	0	1	0	1	0	1	0	1	1
	0	0	0	0	0	0	0	0	1	0	0	0	1	1	0	0	1	1	0	1
	0	0	0	0	0	0	0	0	0	0	0	0	0	0	0	0	1	1	1	0
$\tilde{\boldsymbol{L}}$	0	0	0	0	0	–1	0	0	2	–1	–1	0	2	–1	–1	0	3	–1	–1	–1
	0	0	0	0	–1	1	0	0	–1	1	0	0	–1	2	–1	0	–1	3	–1	–1
	0	0	0	0	0	0	0	0	–1	0	1	0	–1	–1	2	0	–1	–1	3	–1
	0	0	0	0	0	0	0	0	0	0	0	0	0	0	0	0	–1	–1	–1	3
N_1	4				3				2				2				1			

然后将矩阵 $\boldsymbol{D}$ 的非零特征值作为时间的函数画出（图 8.3（a）），并将矩阵 $\tilde{\boldsymbol{L}}$ 的零特征值作为时间的函数画出（图 8.3（b））。

通过观察图 8.3 可知，两种算法都探测到示例网络的层次化组织：第一层由三个社团组成，两个社团代表第二层。

特别地，在算法一的应用中，当属于该模块的节点与外部节点一致，而该模块中的其他节点与外部节点不一致时，该模块可能会分裂为多个模块。

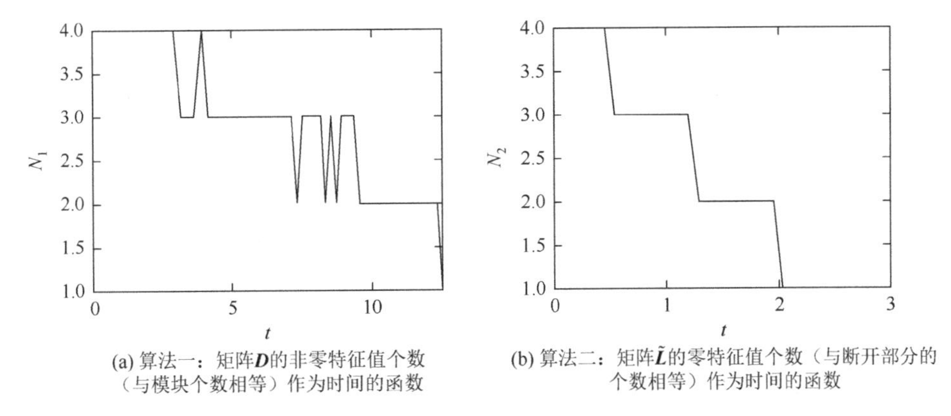

(a) 算法一：矩阵$\boldsymbol{D}$的非零特征值个数（与模块个数相等）作为时间的函数

(b) 算法二：矩阵$\tilde{\boldsymbol{L}}$的零特征值个数（与断开部分的个数相等）作为时间的函数

图 8.3 简单网络测试[24]

例如，图 8.2（b）和图 8.2（c）显示了一个由节点 v_1 和节点 v_2 组成的模块分成两个模块的过程。这就是图 8.3（a）中 N_1 增加的原因。

4. 关键参数设计

下面根据解决一致性问题的顺序探测网络的社团结构。然而，初始值 $\boldsymbol{X}(0)$和阈值 T 分别通过确定协议的起点和终点来影响协议过程。因此，除了图的拓扑结构外，$\boldsymbol{X}(0)$和 T 也可能对已解决的协议问题的途径产生影响，并干扰观察的结果。因此设置合适的 $\boldsymbol{X}(0)$和 T 是很重要的，目的是使它们的影响最小化。通过对一些基准图的一系列实验来使 $\boldsymbol{X}(0)$和 T 建立联系：对于每个图，用不同的随机数集初始化 $\boldsymbol{X}(0)$，然后相应地调整 T，使得观测量的演变揭示社团结构。

在实验过程中，建立 $D\boldsymbol{X}$ 和 T 之间的联系，并在一系列实验后给出一个启发式规则为

$$T = \varepsilon \frac{\sqrt{D\boldsymbol{X}}}{2} \tag{8.10}$$

其中，参数 ε 是调整参数；$D\boldsymbol{X}$ 是初始值 $\boldsymbol{X}(0)$的方差。

然后将算法应用在一些基准图中，且用不同的 $\boldsymbol{X}(0)$来初始化每个图。实验结果显示，启发式规则式（8.10）可以有效地限制 $\boldsymbol{X}(0)$对 N_1 和 N_1 的影响。

参数 ε 通过影响不同组之间的边界来影响社团的数量，这意味着 ε 决定了算法的分辨率。

（1）若提高参数 ε，算法的分辨率将减小，且属于不同的社团的节点可能被识别到一个社团内。因此，探测的社团数量减少。

（2）若减小参数 ε，算法的分辨率将提高，将难以解决节点一致性问题，那么在实验结果中探测到的节点组的数量可能频繁波动，没有平滑区域。

8.2.3 算法在计算机生成网络和现实网络中的测试

测试一种探测社团结构的方法实际上意味着将其应用于已知社团结构的特定网络，并将已知结果与该方法获得的结果进行比较。本小节将介绍由计算机生成的网络和现实世界的网络组成的特定网络，称为基准图，并应用 8.2.2 节中介绍的算法探测社团结构。

1. 计算机生成网络

首先，生成没有社团结构的随机规则网络来测试 8.2.2 节中介绍的算法的性能。

1）随机网络

图 8.4 展示了这两种算法在 50 个节点的随机网络上的应用，其边连接概率为 $p = 0.1$。

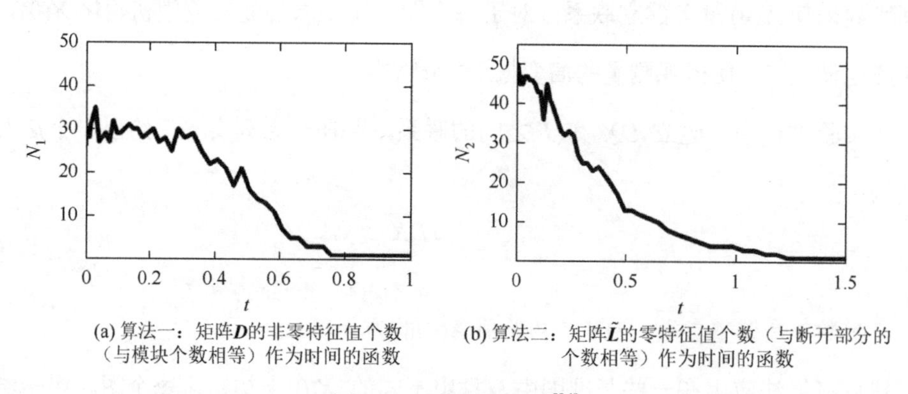

(a) 算法一：矩阵$\boldsymbol{D}$的非零特征值个数（与模块个数相等）作为时间的函数

(b) 算法二：矩阵$\tilde{\boldsymbol{L}}$的零特征值个数（与断开部分的个数相等）作为时间的函数

图 8.4 随机网络测试[24]

这意味着，如果表示矩阵 $\boldsymbol{D}$ 的非零特征值个数的曲线，或者表示矩阵 $\tilde{\boldsymbol{L}}$ 的零特征值个数的曲线在没有平滑区域的情况下下降到 1，则没有识别到节点组。从图 8.4（a）和

图 8.4（b）可以看出，在算法一和算法二下，随机网络中没有识别到社团。

2）规则网络

图 8.5 展示了这两种算法在一个常见的规则网络上的应用，一个最近邻耦合网络，它由 20 个节点组成，每个节点有 4 个耦合邻居。测试结果还表明，在规则网络中不存在任何社团。

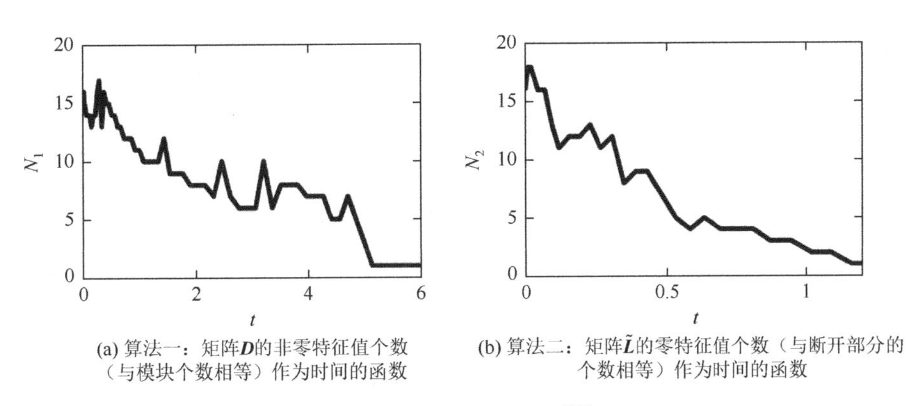

(a) 算法一：矩阵$\boldsymbol{D}$的非零特征值个数（与模块个数相等）作为时间的函数

(b) 算法二：矩阵$\tilde{\boldsymbol{L}}$的零特征值个数（与断开部分的个数相等）作为时间的函数

图 8.5　规则网络测试[24]

3）植入式 l-划分模型

接下来在具有社团结构的网络上测试 8.2.2 节中的算法。具有定义好的社团结构的范例网络是植入式 l-划分模型[25]，近年来在测试社团探测算法中非常受欢迎。这个模型将一个图划分为 l 组，每个组有 g 个节点。z_{in} 和 z_{out} 分别表示节点内部度的期望和外部度的期望。遵循这个直觉的想法，并考虑由 Girvan 和 Newman[11]建立的模型，其中，$n=l\times g=4\times32=128$，每个节点的平均连接数固定在 16。

这里给出一个基于 Newman-Girvan 模型的 $z_{in}=15$ 的网络。图 8.6 为两种算法在 $z_{in}=15$ 的网络上的应用结果。

从图 8.6（a）易观察到 $N_1=4$ 的平滑区域，从图 8.6（b）易观察到 $N_2=4$ 的平滑区域。这意味着这两种算法都探测到了网络 $z_{in}=15$ 的四个社团结构。

4）层次化无标度网络

自然界和社会中的许多真实网络可能具有层次结构，这意味着它们可能表现多个层次的节点集群，小集群包含在大集群中，而大集群又包含小集群。Ravasz 和

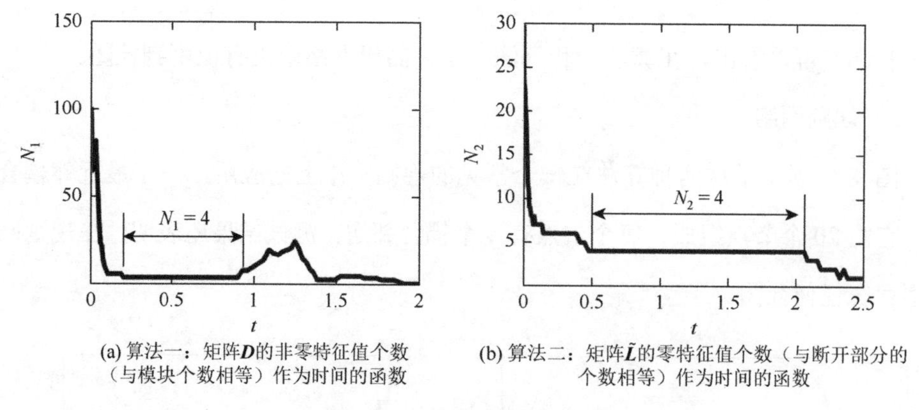

(a) 算法一：矩阵$\boldsymbol{D}$的非零特征值个数（与模块个数相等）作为时间的函数

(b) 算法二：矩阵$\tilde{\boldsymbol{L}}$的零特征值个数（与断开部分的个数相等）作为时间的函数

图 8.6　$z_{\text{in}} = 15$ 网络测试[24]

Barabasi[26]提出了一种流行的层次化无标度网络模型。这类网络具有一些中心节点并显示无标度属性。Arenas 等[27]以两个级别为例，给出这个模型的一个简单示例。下面介绍该示例网络，并在此网络上测试 8.2.2 节的算法。

图 8.7（a）显示了层次化无标度网络的拓扑结构，图 8.7（b）和图 8.7（c）分别

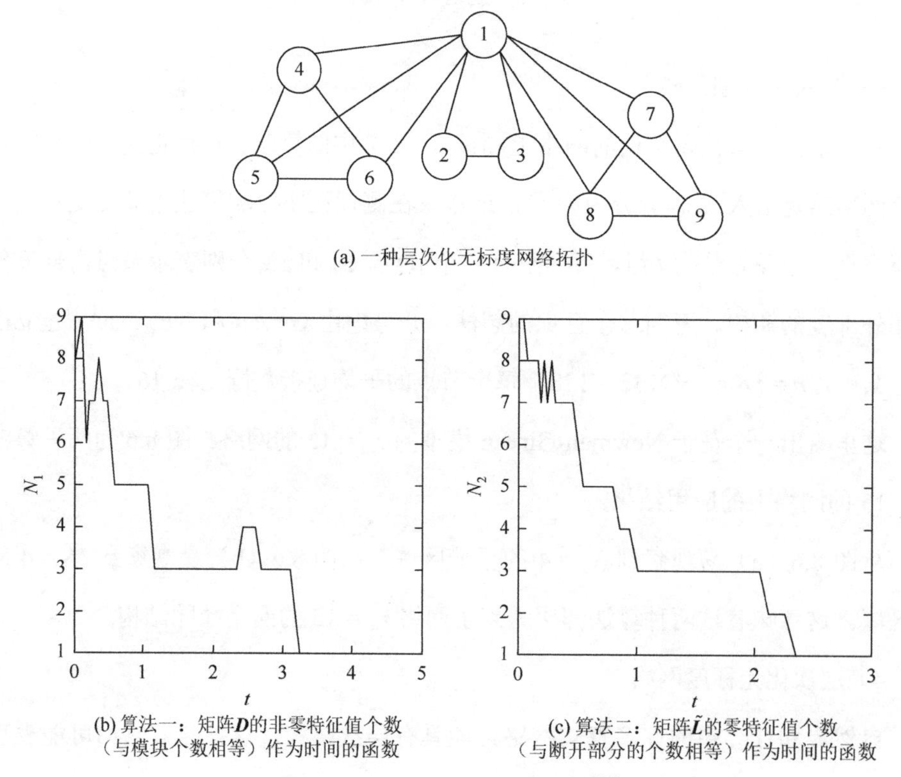

(a) 一种层次化无标度网络拓扑

(b) 算法一：矩阵$\boldsymbol{D}$的非零特征值个数（与模块个数相等）作为时间的函数

(c) 算法二：矩阵$\tilde{\boldsymbol{L}}$的零特征值个数（与断开部分的个数相等）作为时间的函数

图 8.7　层次化无标度网络测试[24]

是算法一和算法二的应用。从图 8.7（b）可以看出 $N_1=5$ 的平滑区域和 $N_1=3$ 的平滑区域。这意味着，这个网络包括两个层次的社团：五个社团代表第一个社团组织等级，三个社团代表第二个社团组织等级。图 8.7（c）传达了与图 8.7（b）相同的信息。

5）层次化植入式 l-划分模型

考虑一个植入式 l-划分模型的变形，来测试 8.2.2 节的算法在层次化计算机生成网络上的性能。这些网络由两个层次的社团组成：四个组代表第一个社团组织等级；第二个组织等级由两个更大的组定义，每个组包含第一个社团组织等级的两个不同的组。

该模型的边密度由三个参数 z_{in1}、z_{in2} 和 z_{out} 表示：z_{in1} 是第一级内节点的内部度期望；z_{in2} 是第二级内节点的内部度期望；z_{out} 是连接两个较大组的节点的边数的期望。节点的平均度 $\langle k\rangle$ 固定为 30 且 $\langle k\rangle=z_{\text{in1}}+z_{\text{in2}}+z_{\text{out}}$。

首先，生成网络 25-4（$z_{\text{in1}}=25$，$z_{\text{in2}}=4$）来测试算法在层次化拓扑网络上的性能，然后在网络 28-1（$z_{\text{in1}}=28$，$z_{\text{in2}}=1$）上应用 8.2.2 节的算法作为比较。

这里以图 8.8（a）的平滑区域为例进行分析。由图 8.8 容易观察到 $N_1=4$ 的平滑区域和 $N_1=2$ 的平滑区域，这意味着网络 25-4 包含两个层次的社团：四个社团代表第一个社团组织等级，两个社团代表第二个社团组织等级。此外，$N_1=2$ 的平滑范围大于 $N_1=4$ 的平滑范围，说明第二级社团结构较强。

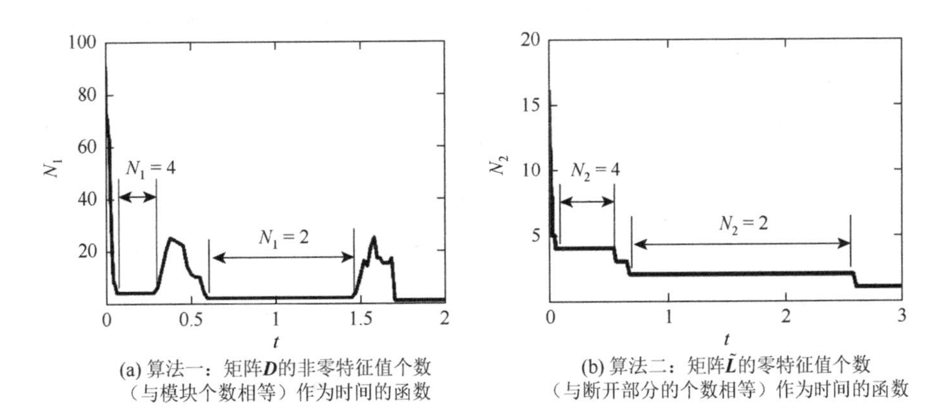

(a) 算法一：矩阵$\boldsymbol{D}$的非零特征值个数（与模块个数相等）作为时间的函数

(b) 算法二：矩阵$\tilde{\boldsymbol{L}}$的零特征值个数（与断开部分的个数相等）作为时间的函数

图 8.8　25-4 网络测试[24]

通过相似的分析，可以从图 8.8 和图 8.9 中了解到两个网络的拓扑结构：两个网络都包含两个层次的社团，对于网络 25-4，第二级社团结构较强，而对于网络 28-1，第一级社团结构较强。

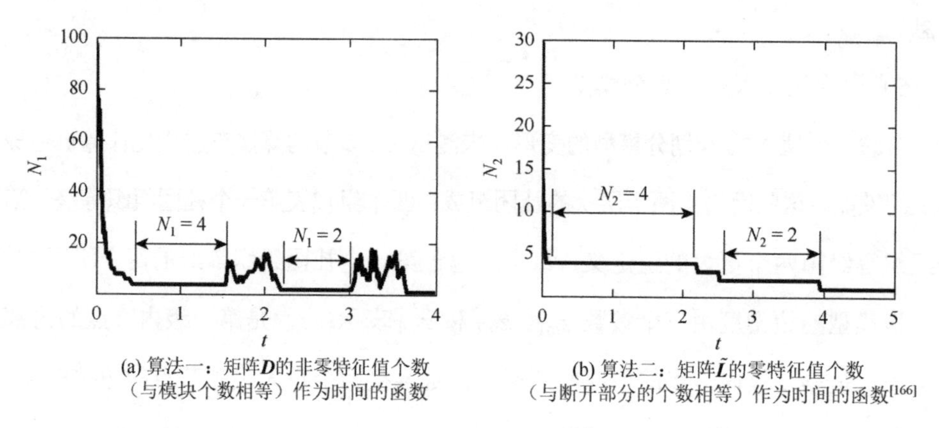

(a) 算法一：矩阵$\boldsymbol{D}$的非零特征值个数（与模块个数相等）作为时间的函数

(b) 算法二：矩阵$\tilde{\boldsymbol{L}}$的零特征值个数（与断开部分的个数相等）作为时间的函数[166]

图 8.9　28-1 网络测试[24]

2. 现实世界网络

1）Zachary 空手道俱乐部网络

研究人员还通过观察现实世界中的复杂系统构建了一些基准图，本小节将在其中的一些网络上应用 8.2.2 节的算法进行测试。

第一个网络是著名的空手道俱乐部网络 Zachary[28]。在这个研究中，Zachary 用年观察了一个空手道俱乐部的 34 名成员。在观察期间，由于与俱乐部管理人员的冲突，俱乐部的教官离开了俱乐部，成立了一个大约有一半成员的新俱乐部。

Zachary 的空手道俱乐部是被研究最多的网络，许多算法已经探测到社团结构。

对于 Zachary 空手道俱乐部网络，图 8.10（a）绘出矩阵 $\boldsymbol{D}$ 的非零特征值个数作为时间的函数。在图 8.10（b）中，绘出矩阵 $\tilde{\boldsymbol{L}}$ 的零特征值个数作为时间的函数。图 8.10（a）中的 $N_1 = 2$ 和图 8.10（b）中的 $N_2 = 2$ 存在明显的平滑区域，可得出 Zachary 空手道俱乐部网络可以划分为两个社团的结论，这与普遍的认识一致。

2）海豚的社交网络

海豚社交网络是另一个在社团探测中经常被引用的真实世界的基准网络，它是

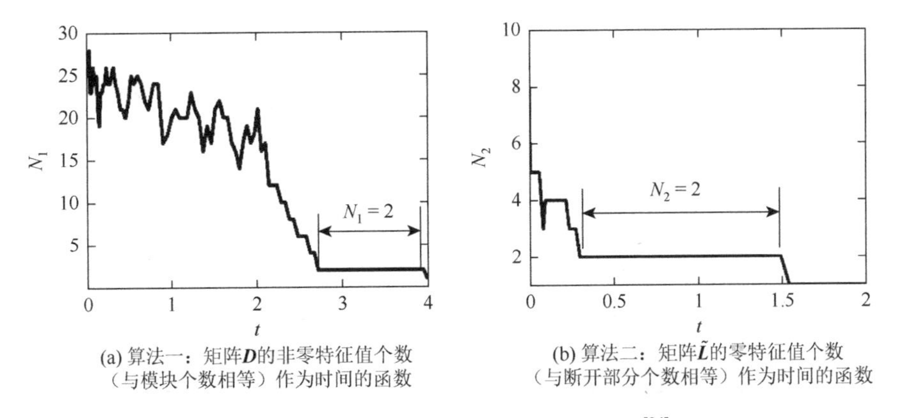

(a) 算法一：矩阵$\boldsymbol{D}$的非零特征值个数（与模块个数相等）作为时间的函数

(b) 算法二：矩阵$\tilde{\boldsymbol{L}}$的零特征值个数（与断开部分个数相等）作为时间的函数

图 8.10　Zachary 空手道俱乐部网络测试[24]

由对 62 只海豚在 7 年里的观察构建而成的。该网络分为两组，少数海豚在观察过程中消失在边界上。

图 8.11 表示算法在海豚社交网络上的应用。通过观察图 8.11（a）和图 8.11（b）可看出，这两种算法都识别出一个层次化的社团组织：四个社团组成第一个社团组织等级，第二个社团组织等级由两个社团组成。

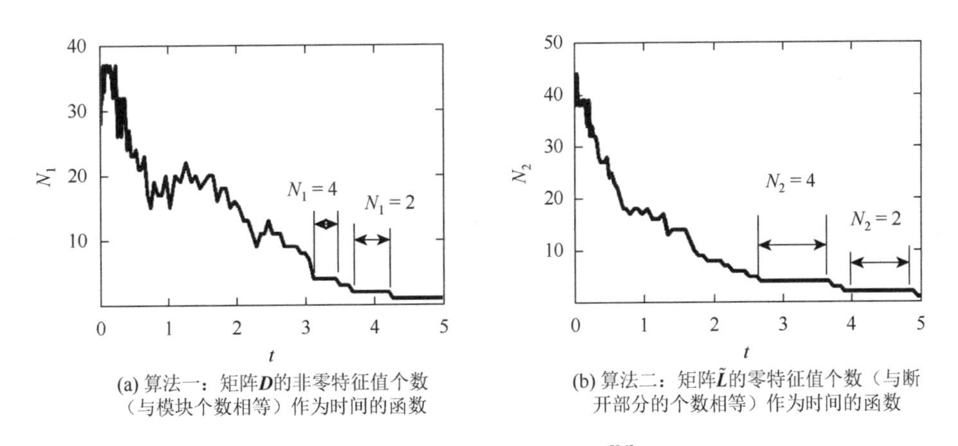

(a) 算法一：矩阵$\boldsymbol{D}$的非零特征值个数（与模块个数相等）作为时间的函数

(b) 算法二：矩阵$\tilde{\boldsymbol{L}}$的零特征值个数（与断开部分的个数相等）作为时间的函数

图 8.11　海豚社交网络测试[24]

8.2.4　算法详细说明

本小节将详细演示 8.2.2 节的方法在植入式 l-划分模型网络 $z_{\text{in}} = 15$ 上的应用，该方法已在 8.2.3 节中使用（图 8.12）。

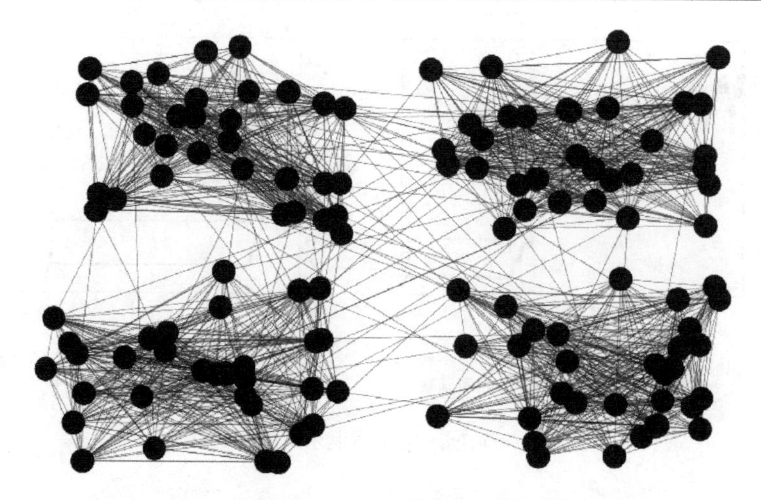

图 8.12 $z_{in}=15$ 网络拓扑[24]

1. 算法一说明

（1）用随机 $\boldsymbol{X}(0)$初始化网络，然后应用一致性协议对系统进行分析。

（2）通过一个动力学矩阵 $\boldsymbol{D}$，从一致过程中提取信息，定义为

$$D_{ij}(t)=\begin{cases}1, & |x_j(t)-x_i(t)|\leqslant T\\ 0, & |x_j(t)-x_i(t)|>T\end{cases} \tag{8.11}$$

其中，$T=\varepsilon\dfrac{\sqrt{\boldsymbol{DX}}}{2}$。

（3）调整ε，且画出矩阵 $\boldsymbol{D}$ 的非零特征值作为时间的函数。首先给一个小ε值，曲线会频繁波动如图 8.13（a）所示。然后逐渐增加ε直到曲线显示平滑区域如图 8.13（b）所示。

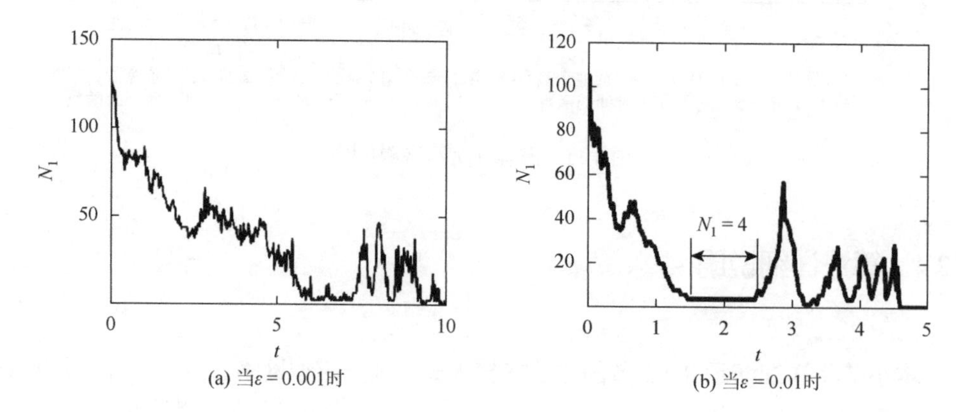

(a) 当$\varepsilon=0.001$时　　(b) 当$\varepsilon=0.01$时

图 8.13 矩阵 $\boldsymbol{D}$ 的非零特征值个数（与模块个数相等）作为时间的函数[24]

（4）在图 8.13（b）中选择与 $N_1 = 4$ 的平滑区域对应的时间点 t_1，如，令 $t_1 = 2$。然后得到矩阵 $\boldsymbol{D}(t_1)$，将矩阵 $\boldsymbol{D}(t_1)$中相同行对应的每组节点调整为不同的灰度。如图 8.14 所示，四组灰度不同的节点代表算法一探测到的四个社团。

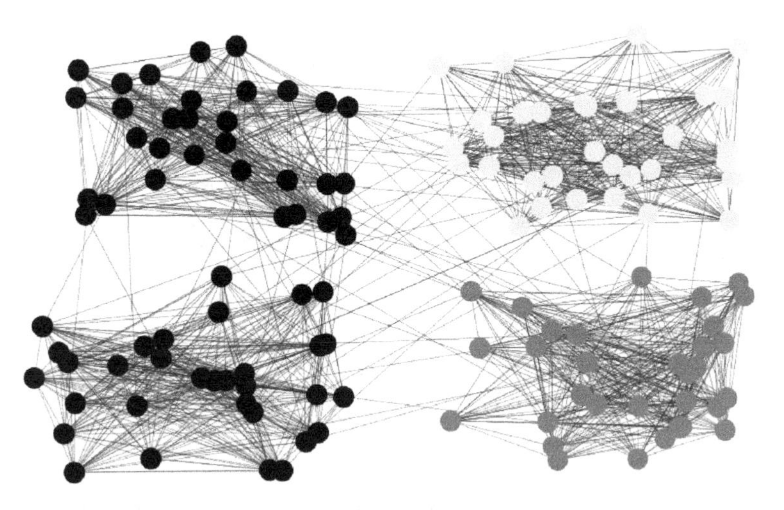

图 8.14　$z_{\text{in}} = 15$ 网络在 $t_1 = 2$ 时划分的结构[24]

2. 算法二说明

（1）用随机 $\boldsymbol{X}(0)$初始化网络，应用一致性协议式（8.4）分析系统。

（2）定义动态邻接矩阵 $\tilde{\boldsymbol{A}}$ 为

$$\tilde{\boldsymbol{A}}_{ij}(t) = \begin{cases} 1, & i \neq j \text{且} \, |x_j(t) - x_i(t)| \leqslant T \\ 0, & \text{其他} \end{cases} \tag{8.12}$$

然后得到动态拉普拉斯矩阵为

$$\tilde{\boldsymbol{L}}_{ij} = \begin{cases} \sum\limits_{k=1,\ k \neq i}^{n} \tilde{\boldsymbol{A}}_{ik}(t), & i = j \\ -\tilde{\boldsymbol{A}}_{ij}(t), & i \neq j \end{cases} \tag{8.13}$$

（3）同样地，最初分配 ε 一个较小的值，然后根据矩阵 $\tilde{\boldsymbol{L}}$零特征值的数量的演化调整 ε。

（4）在图 8.15（a）中选择与 $N_2 = 4$ 的平滑区域对应的时间点 t_2。然后得到矩阵

$\tilde{A}(t_2)$，在图 $G(\tilde{A}(t_2))$中，每一组节点对应一个连通的部分，用不同的灰度表示。如图 8.15（b）所示，四组灰度不同的节点代表算法二探测到的四个社团。

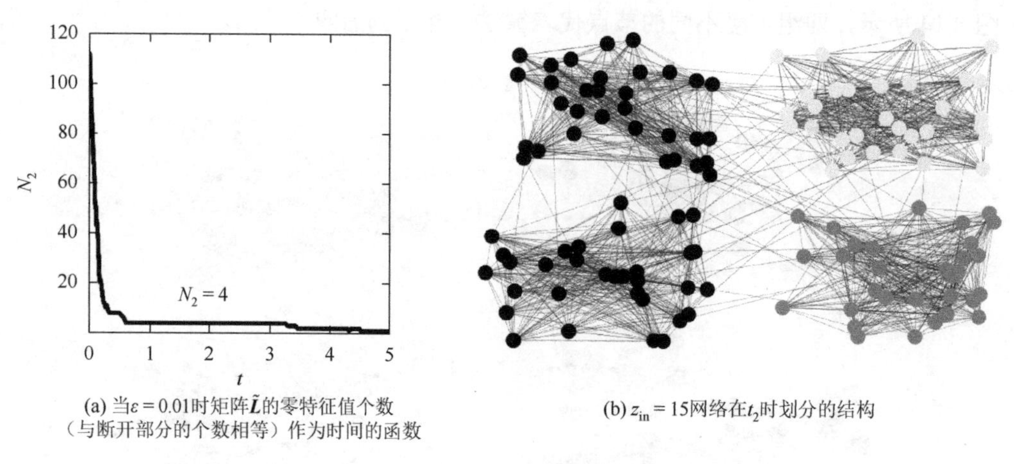

(a) 当$\varepsilon=0.01$时矩阵$\tilde{L}$的零特征值个数（与断开部分的个数相等）作为时间的函数

(b) $z_{\text{in}}=15$网络在t_2时划分的结构

图 8.15 应用算法二[24]

8.3 基于一致性动力学和空间变换探测网络社团结构

本节介绍一种通过聚类来探测社团结构的方法，这种聚类方法通过一致性动力学和空间变换来表征节点之间的相似性。首先介绍一个物理模型，将网络上的一致性过程模拟为有限空间内气体扩散过程。其次，用 k-近邻法[29]给出节点间相似性测度的定义。最后根据相似距离合并节点组，得到代表网络社团组织的层次聚类树。该算法的主要特点是：①将社团探测问题转化为欧氏空间的聚类分析问题；②采用一致性动力学方法和 k-近邻法度量节点间的相似性；③通过一致性动力学与空间变换结合，正确探测社团结构。

8.3.1 基础理论

本小节介绍的算法理论框架依赖图论、聚类方法和模块度的一些基本概念。图论的一些基础理论已在 8.2 节中介绍，在此不再赘述。

社团通常是具有公共属性或扮演类似角色的节点组，因此将相似的节点视为社团是可行的。在本小节介绍的算法中，结合一致性动力学和 k-近邻法来测量相似度。之后根据相似性迭代合并节点组：①计算所有节点对的相似度，并将每个节点看作一个社团；②找到相似度最高的一对节点组，并将它们合成一个组；③使用 single-linkage 聚类计算新组合的节点组与其他所有节点组之间的相似度；④重复步骤②和③直到所有节点形成一个节点组。上面的过程将网络层次化分解为一组嵌套的节点组，可用层次聚类树的形式可视化。

模块度越大，社团结构越强[30]，因此根据模块度的值在层次聚类树上选择最优分割，可以识别出网络的社团结构。对于将网络划分为 C 个社团的特定划分，模块度可通过以下方式定义，即

$$Q=\sum_{s=1}^{C}(q_s-a_s^2) \tag{8.14}$$

其中，q_s 是在社团 s 中节点间连边的比例；a_s 是社团 s 中连接到节点的边的端点的比例。

如果同一个社团的节点之间的边比预期的多，那么模块度就取正值；如果节点之间的边比预期的少，那么模块度就取负值。使用式（8.14）可得到更简单的模块度形式为

$$Q=\sum_{s=1}^{C}\left[\frac{l_s}{M}-\left(\frac{d_s}{2M}\right)^2\right] \tag{8.15}$$

其中，l_s 是社团 s 中边的数量；d_s 是社团 s 中节点度之和；M 是整个网络总边数。

8.3.2　基于一致性动力学与空间变换的网络社团结构探测算法

本小节介绍基于一致性动力学和空间变换的网络社团结构探测算法。每个节点对整个网络的影响是由所有节点在给定初始条件下一致性动力驱动下的演化状态表现的。然后利用欧氏空间中的 k-近邻密度方法探测网络的社团结构。

1. 数据表示

首先从模拟网络中气体扩散过程的一致性动力学时间序列数据中提取定量信息。

假设网络$(G, \boldsymbol{X}(0))$表示具有N个点的有限空间，其中，$\boldsymbol{X}(0) = (x_1(0), x_2(0), \cdots, x_N(0))^{\mathrm{T}}$，且$x_i(0)$表示节点$v_i$的初始压力。为了度量给定的节点$v_i$对整个网络的影响，并将影响规范化，将$v_i$指定为源节点，并相应地用$x_i(0) = 1$且对$\forall j \neq i$，$x_j(0) = 0$初始化网络即$\boldsymbol{X}(0) = e_i$是除了第$i$个元素等于1，其他所有元素都等于0的向量。对于每个初始压力分布条件$\boldsymbol{X}(0) = e_i$，网络的压力分布将根据节点之间边的离散时间扩散动力学演化。

为了表示上述动力学过程，假设网络的每个节点都是具有离散时间动力学的动态智能体，即

$$x_i(t+1) = x_i(t) + u_i(t) \tag{8.16}$$

其中，$t = 0, 1, 2, \cdots$；$i = 1, 2, \cdots, N$；$x_i(t) \in \mathbf{R}$和$u_i(t) \in \mathbf{R}$分别表示节点v_i的压力状态和控制输入。

在气体扩散模型中，每个节点根据从其邻居接收到的信息更新其当前状态。状态反馈控制

$$u_i = k_i(x_{j_1}, x_{j_2}, \cdots, x_{j_m}) \tag{8.17}$$

称为一个协议，如果$J_i = \{v_{j1}, v_{j2}, \cdots, v_{jm}\}$，则满足$J_i \subseteq \{v_i\} \cup N_i$。

在气体扩散过程中，气体从高压节点向低压相邻节点扩散，压力分布在网络中逐渐趋于平衡。根据这些性质，气体扩散过程由经典离散时间一致性协议[31]驱动，即

$$u_i(t) = \varepsilon \sum_{v_j \in N_i} A_{ij}(x_j(t) - x_i(t)) \tag{8.18}$$

其中，ε满足$0 < \varepsilon < \dfrac{1}{\max\{Deg(v_i)\}}$，且$\max\{Deg(v_i)\}$表示网络$G$中最大的节点度。

上述智能体动力学和协调一致性协议为网络中的社团探测提供了一个易于处理的动力学框架。将式（8.18）给出的一致性协议代入式（8.16）描述的智能体动力学方程，得到闭环系统[31]为

$$\boldsymbol{X}(t+1) = \boldsymbol{P}\boldsymbol{X}(t) \tag{8.19}$$

其中，$\boldsymbol{X}(t) = (x_1(t), x_2(t), \cdots, x_N(t))^{\mathrm{T}}$表示网络在迭代$t$步时的压力分布。矩阵$\boldsymbol{P}$称为

Perron 矩阵，由 $\boldsymbol{P}=\boldsymbol{I}-\varepsilon\boldsymbol{L}$ 定义，其中，$\boldsymbol{I}$ 表示 $N\times N$ 的单位矩阵。且拉普拉斯矩阵 $\boldsymbol{L}$ 定义为

$$L_{ij}=\begin{cases}\sum\limits_{k=1,\ k\neq i}^{n}A_{ik}, & i=j\\ -A_{ij}, & i\neq j\end{cases} \tag{8.20}$$

对于具有社团结构的网络，节点 v_i 的压力首先扩散到它的邻居，然后通过边逐渐扩散到整个网络。基于这一观察和社团结构的定义可得出结论：属于同一个社团的节点会以类似的方式影响网络。因此，通过计算式（8.19）在迭代 t^* 时的 $\boldsymbol{X}_i$ 值（初始条件为 $t=0$ 时的 e_i，其中，$i=1,2,\cdots,N$）来表征节点 v_i 对整个网络的影响 $\boldsymbol{X}(t)$。

距离源节点 v_i 最远的节点在迭代 $t=D$ 时第一次接收到压力，其中，D 为网络直径。因此，t^* 应该大于网络直径，否则，压力分布向量 $\boldsymbol{X}_i(t^*)$ 不能反映节点 v_i 对整个网络的影响。另外，扩散迭代 t^* 不应过高，否则，导致网络近似达到一致，从而降低了判断节点间影响差异的能力。事实上，将迭代次数设置为直径 D 的倍数的启发式规则是有效的。

式（8.18）中的参数 ε 影响了在每次动力学迭代中节点传播给邻居节点的压力大小。Olfati-Saber 等[31]提出了稳定性理论，ε 应该满足 $0<\varepsilon<\dfrac{1}{\max\{Deg(v_i)\}}$，其中，$\max\{Deg(v_i)\}$ 表示最大节点度。另外，参数 ε 也会影响在每次动力学迭代中节点传播给邻居节点的压力大小。值得注意的是，Olfati-Saber 等研究了连续时间和离散时间下达到一致的速度，得出了离散时间动力学的收敛速度依赖 $\varepsilon\lambda_2$，其中，λ_2 是代数连通度。Chen 等[32]提出了一种系统方法来分析具有时变时延和切换拓扑的离散时间多智能体系统的收敛速度。因此，参数 ε 提供了调整算法的效率和准确性之间平衡的能力，它保持在可行的稳定区域 $\left(0,\dfrac{1}{\max\{Deg(v_i)\}}\right)$ 中。

2. 聚类分析

采用 k-近邻聚类过程[29]最终在网络中揭示了社团结构，这是在 N 维欧氏空间中

自然完成的，在 8.3.2 节中得到了 N 个压力分布向量 $\boldsymbol{X}_1, \boldsymbol{X}_2, \cdots, \boldsymbol{X}_N$。任意两个压力分布向量 $\boldsymbol{X}_i(t)$和 $\boldsymbol{X}_j(t)$之间的距离定义为

$$d_{ij} = \| \boldsymbol{X}_i(t) - \boldsymbol{X}_j(t) \|, \quad \forall i, \quad j \in l \tag{8.21}$$

其中，$\|\cdot\|$是欧几里得范数。

假设 $\boldsymbol{X}_{i_k}$ 是 $\boldsymbol{X}_i(t)$的第 k 个最近的邻居，且 $r_k(\boldsymbol{X}_i)$表示 $\boldsymbol{X}_i$ 和 $\boldsymbol{X}_{i_k}$ 之间的距离

$$r_k(\boldsymbol{X}_i) = \| \boldsymbol{X}_i(t) - \boldsymbol{X}_{i_k}(t) \| \tag{8.22}$$

考虑一个以 $\boldsymbol{X}_i$ 为中心的超球面，半径为 $r_k(\boldsymbol{X}_i)$，$\boldsymbol{X}_i$ 的密度估计函数表示为

$$f_N(\boldsymbol{X}_i) = \frac{k}{NV_k(\boldsymbol{X}_i)} \tag{8.23}$$

其中，k 是落在这个超球面内的邻居数；N 是向量的总数；$V_k(\boldsymbol{X}_i)$是这个超球面的体积。

一旦得到每个向量的密度估计函数，就可用下式[29]测量向量对之间的相似距离，即

$$D(\boldsymbol{X}_i, \boldsymbol{X}_j) = \begin{cases} \left(\dfrac{1}{2}\right)\left[\dfrac{1}{f_N(\boldsymbol{X}_i)} + \dfrac{1}{f_N(\boldsymbol{X}_j)}\right] = \dfrac{N}{2k}[V_k(\boldsymbol{X}_i) + V_k(\boldsymbol{X}_j)], & d_{ij} \leqslant \max(r_k(\boldsymbol{X}_i), r_k(\boldsymbol{X}_j)) \\ \infty, \text{其他} \end{cases} \tag{8.24}$$

如果 d_{ij} 比 $r_k(\boldsymbol{X}_i)$或 $r_k(\boldsymbol{X}_j)$小，那么两个观测值 $\boldsymbol{X}_i$ 和 $\boldsymbol{X}_j$ 称为邻居，其中，$r_k(\boldsymbol{X}_i)$在式（8.22）中定义。因此，$D(\boldsymbol{X}_i, \boldsymbol{X}_j)$只定义了有相同邻居的观测对的距离，$D(\boldsymbol{X}_i, \boldsymbol{X}_j)$与它们之间中间点的混合密度估计值成反比。

此外，对密度估计函数 $f_N(\boldsymbol{X}_j)$的计算进行以下两个简化，可减少计算负担，同时不牺牲算法的性能：①将 N 的值设为 1，因为给定网络的节点总数是固定的；②使用三维球体的体积公式而非 N 维超球面的体积公式，因为可以通过替换保持 $V_k(\boldsymbol{X}_i)$和 $r_k(\boldsymbol{X}_i)$之间的正相关。下面给出密度估计函数的简化形式为

$$f_N^* = \frac{k}{\dfrac{4}{3}\pi(r_k(\boldsymbol{X}_i))^3} \tag{8.25}$$

向量对之间相似距离的测度定义为

$$D^*(\boldsymbol{X}_i, \boldsymbol{X}_j)=\begin{cases}\left(\dfrac{1}{2}\right)\left[\dfrac{1}{f_N^*(\boldsymbol{X}_i)}+\dfrac{1}{f_N^*(\boldsymbol{X}_j)}\right]=\dfrac{2\pi}{3k}[(r_k(\boldsymbol{X}_i))^3+(r_k(\boldsymbol{X}_j))^3], & d_{ij}\leqslant \max(r_k(\boldsymbol{X}_i), r_k(\boldsymbol{X}_j)) \\ \infty, & \text{其他}\end{cases} \tag{8.26}$$

在 8.3.3 节的算法测试中，应用式（8.25）和式（8.26）的简化形式。

接下来，根据这些相似度距离合并节点组，并用层次聚类树来说明合并过程。以最优的方式选择代表网络社团结构的划分。如 8.3.1 节所述，模块度是网络中最常用的社团结构评价标准。因此，将相应的模块度曲线与层次聚类树放置在一起，这样就可根据模块度水平分割层次聚类树。

此外，确定 k-近邻过程的平滑参数 k 如下：

当考察的网络较小时，为每个可能的 k 获取相应的层次聚类树，并选择模块度最高的树。当考察的网络很大时，应用 Wong 和 Lane[29]的经验法则来检查 $2\ln N$ 周围的几个值。

综上所述，本小节给出的算法主要有以下几个步骤，每个步骤都有自己的计算复杂度：①对于 $i=1, 2, \cdots, N$，计算压力分布向量 $\boldsymbol{X}_i$。对于网络中的每个节点，当网络以邻接表的形式存储时，计算次数的尺度为 $D(M+N)$。该步骤做 N 次需要计算复杂度为 $O(D(M+N))$的计算。②对于 $i=1, 2, \cdots, N$，确定 $r_k(\boldsymbol{X}_i)$，即 $\boldsymbol{X}_i$ 的第 k 个最近邻距离，并计算距离矩阵。当使用如 KD-树这样的数据结构时，需要计算复杂度为 $O(N^2\log N)$。③对计算得到的距离矩阵应用单链接聚类方法，计算复杂度为 $O(N^2)$。结合以上步骤，整个算法所需计算复杂度为 $O(DN(M+N))+O(N^2\log N)+O(N^2)$。由于直径 D 通常与 $\log N$ 同阶，所以整个算法需要总计算复杂度为 $O(N\log N(M+N)+N^2\log N)$或在稀疏网络上计算复杂度为 $O(N^2\log N)$。

8.3.3　算法测试

在本小节中，同时介绍计算机生成网络和真实世界网络，以验证该算法能够可靠地探测基准网络的已知社团结构。

1. 计算机生成网络

由计算机生成的基准网络开始测试，具有定义好的社团结构的一类网络近年来在测试社团探测算法中非常受欢迎。它们根据植入式 l- 划分模型产生，该模型将一个图划分为 l 组，每个组有 g 个节点，边随机独立地放在节点对之间，同一社团的节点之间有一条边的概率为 p_{in}，不同社团的节点之间有一条边的概率为 p_{out}。

这里采用一种基于 Newman-Girvan 模型[11]的含 128 个节点的网络。在这些网络中，节点被分为 4 组，分别是节点 1～32，节点 33～64，节点 65～96 和节点 97～128。选取 p_{in} 和 p_{out} 的值，使每个节点的期望度为 16。z_{in} 和 z_{out} 分别表示节点内部度的期望和外部度的期望。这两个值不是互相独立的，因为必须有 $z_{\text{in}} + z_{\text{out}} = 16$。

首先在 $z_{\text{in}} = 15$ 的网络上对算法进行测试，图 8.16 显示了 $z_{\text{in}} = 15$ 的网络拓扑。正如在 8.3.2 节中所讨论的，在应用算法时需要正确设置几个参数：式（8.16）中的扩散迭代 t 和式（8.25）中的最近邻居的数量。将标准的迭代次数设为 $3D$，其中，D 是网络的直径。然后，将 k 设为 1～127，并计算每个 k 对应的层次聚类树的最大模度 $\max(Q_k)$（图 8.17）。

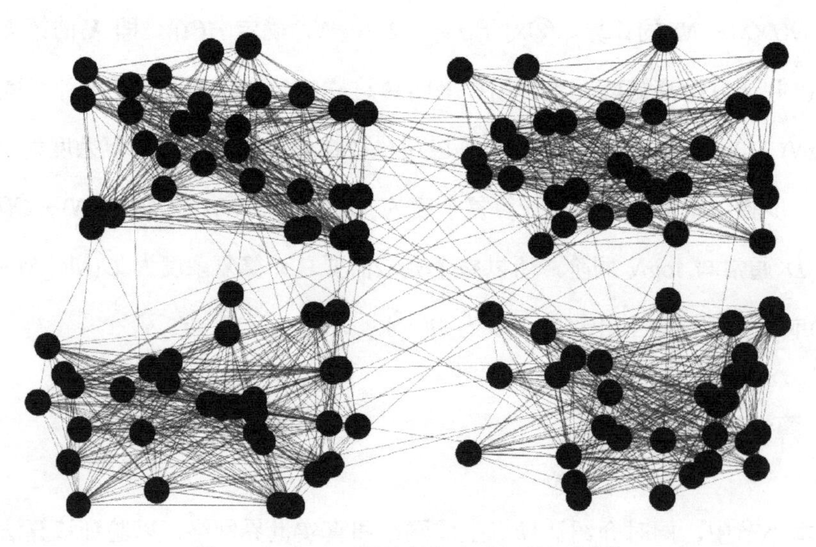

图 8.16　$z_{\text{in}} = 15$ 的计算机生成网络拓扑[33]

从图 8.17 可以看出，当 k 在 20 左右时，$\max(Q_k)$在所有的 k 中达到了最大值，因此可以选择 $k=31$ 来执行算法。在图 8.18 中，算法得到了 $z_{in}=15$ 的网络的层次聚类树和模块度分布图，也就是将模块度分布图与层次聚类树对齐，这样就可以直接读取网络不同划分的模块度值。模块度分布图中的每个星号表示层次聚类树中的节点组合并。正如在图 8.18 中看到的，模块度在网络分成四个社团的点上有一个清晰的峰值，这和预期结果一致。由图 8.18 可以看出，这四个社团分别包含节点 1～32（实心圆）、节点 33～64（空心圆）、节点 65～96（实心方）、节点 97～128（空心方）。这个结果与构建这个网络的方式是一致的。

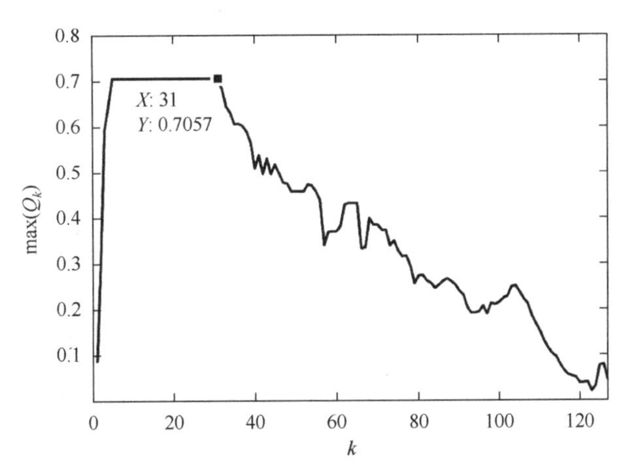

图 8.17　计算机生成网络中 $\max(Q_k)$作为 k 的函数[33]

此外，为了更好地显示算法探测到的社团结构，将图 8.18 的四个社团分别在拓扑图上用不同的灰度表示，结果如图 8.19 所示，它揭示了网络 $z_{in}=15$ 的社团结构划分。

为了测试算法的性能，将它应用到这些计算机生成网络中，这些网络的每个节点在社团内部连边的平均数量不同，记录被本小节算法（圆形）划分为正确的社团节点的比例，作为 z_{out} 的函数。为便于比较，还用了 max-flow（三角形）计算独立路径数的标准层次聚类计算方法得到的正确分类节点的比例，以及 Girvan 和 Newman[11]（正方形）算法正确分类节点的比例，结果如图 8.20 所示。由图 8.20 可知，只有当 z_{out} 接近 0 时，标准层次聚类计算方法才能保持较高的社团识别的成功率。这意味着，标准层次聚类计算只能在社团结构非常强的情况下才能识别这些网络中的社团。此

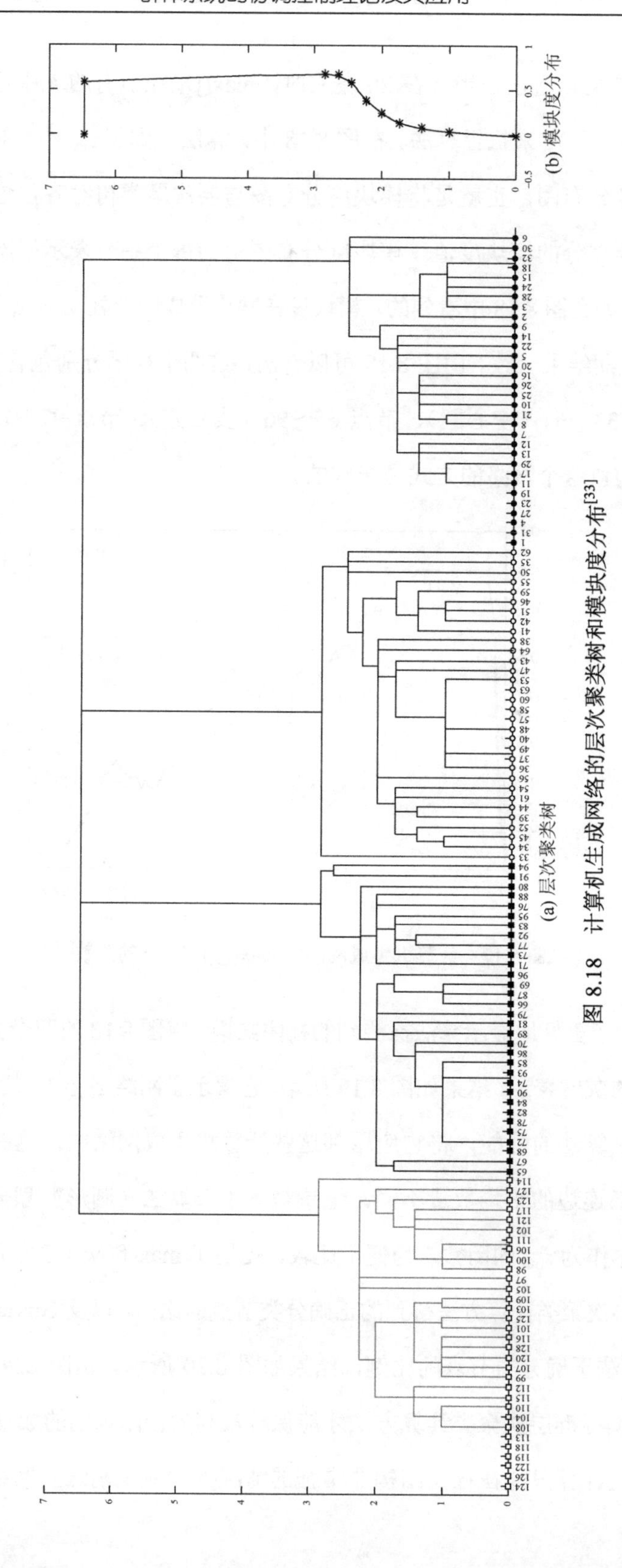

图 8.18　计算机生成网络的层次聚类树和模块度分布[33]

外，Girvan 和 Newman[11]算法的性能展示出显著的提升，它将 90%甚至更多的节点正确分类，直到 $z_{out}=5$，只有在 $z_{out}\geqslant 6$ 时正确分类的比例才开始大幅下降。事实上，网络中的社团结构太弱，而大多数启发式方法包括 GN 算法当 $z_{out}\geqslant 6$ 时不能总是成功探测到社团。但是，从图 8.20 可以看出，本小节介绍的算法可以将节点划分为正确的社团，直到 $z_{out}=8$，这时每个节点在社团之间的连边几乎与社团内的连边一样多。这个结果显示了该算法在计算机生成网络中揭示弱社团结构的能力。

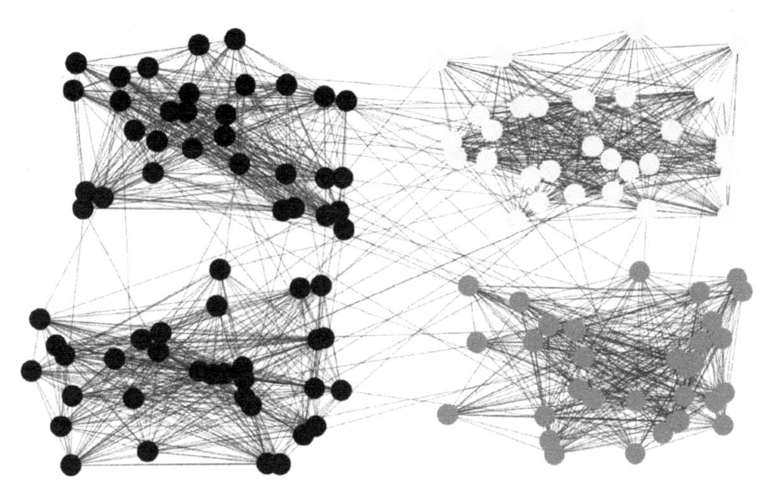

图 8.19　计算机生成网络的社团结构，每个社团具有不同的灰度[33]

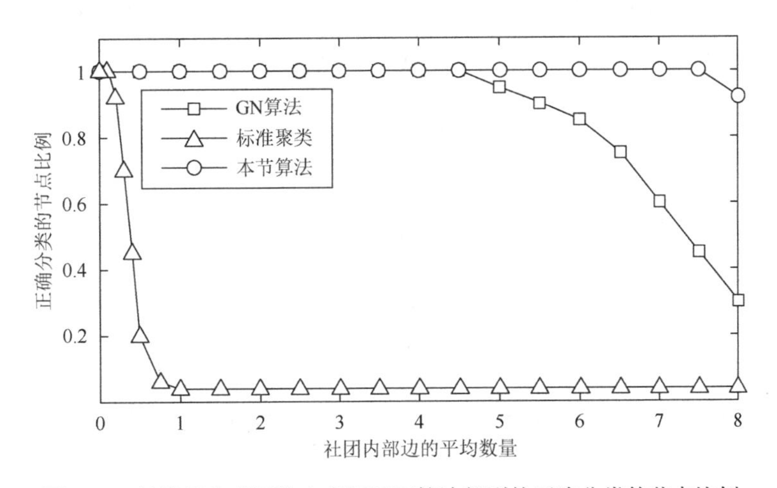

图 8.20　计算机生成网络中应用不同算法得到的正确分类的节点比例

每个数据点是 100 次实验结果的平均值，给出标准聚类（三角形）和 GN 算法的性能曲线作为比较[33]

2. Zachary 空手道俱乐部网络

研究人员还通过观察现实世界中的复杂系统构建了一些基准图。这里使用的第一个网络是著名的空手道俱乐部网络 Zachary[28]。在这个研究中，Zachary 用两年观察了一个空手道俱乐部的 34 名成员（图 8.21）。

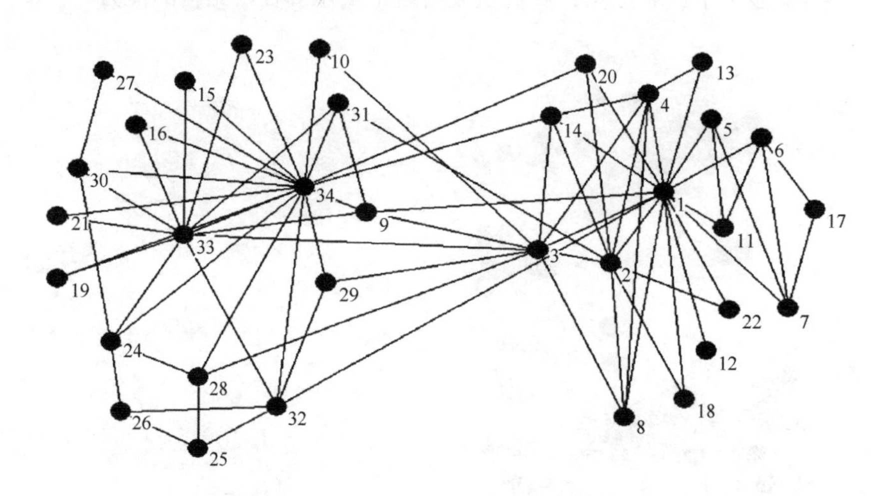

图 8.21　Zachary 空手道俱乐部网络拓扑[33]

在观察期间，由于与俱乐部管理人员（节点 34）的冲突，俱乐部的教官（节点 1）离开了俱乐部，成立了一个大约有一半成员（节点 2、3、4、5、6、7、8、11、12、13、14、17、18、20、22）的新俱乐部。Zachary 空手道俱乐部网络是目前被研究得最多的网络，一些算法已经探测到这两个社团。

同样，参数是由 8.3.2 节中给出的规则确定的。首先，将标准的迭代次数设为 $3D=15$，然后让 k 按 1～33 顺序增加，将 $\max(Q_k)$作为 k 的函数绘制出来，结果如图 8.22 所示，选择 $k=6$。

将该算法应用于空手道俱乐部网络，得到了具有对应模块度分布的层次聚类树，结果如图 8.23 所示。

从图 8.23 可以看出，模块度在网络中节点被分成两组的点上有一个明显的峰值。

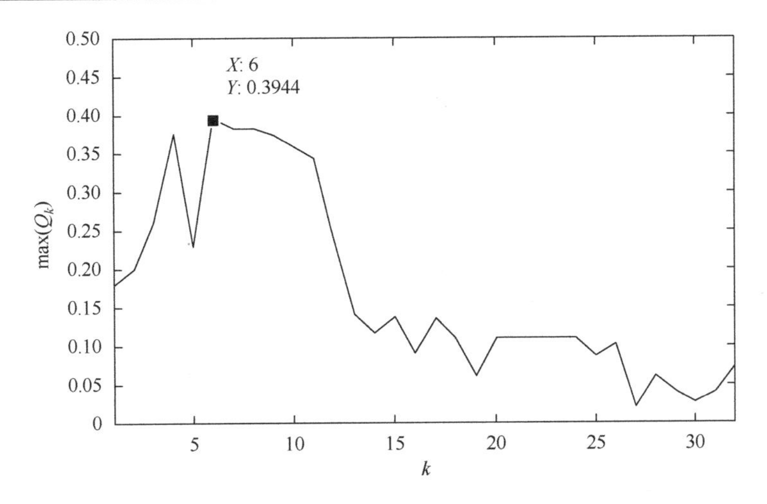

图 8.22　Zachary 空手道俱乐部网络中 max(Q_k)作为 k 的函数[33]

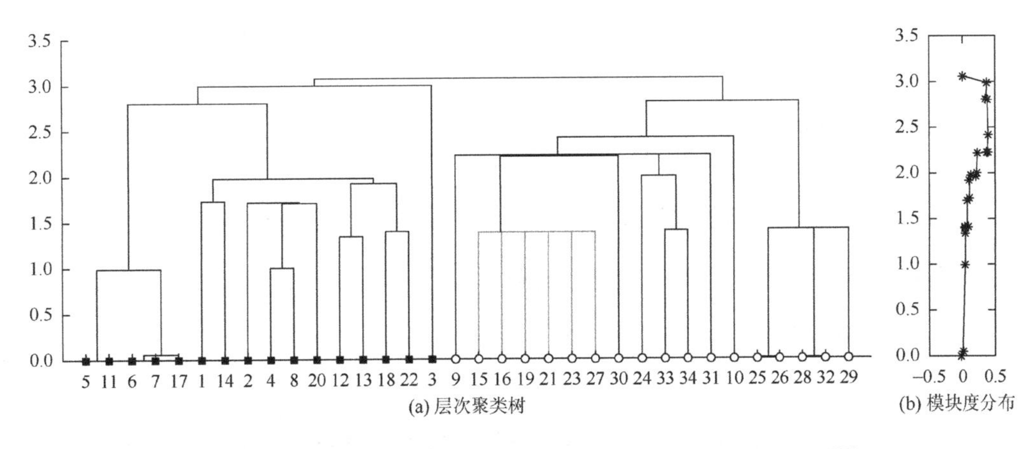

图 8.23　Zachary 空手道俱乐部网络的层次聚类树和模块度分布[33]

因此，从图 8.23 可以看出，Zachary 空手道俱乐部网络可以分为两个社团，较小的社团包含节点 1、2、3、4、5、6、7、8、11、12、13、14、17、18、20、22（空心圆）。这个结果与普遍认识是一致的，这意味着本小节介绍的算法正确地将 Zachary 空手道俱乐部网络的所有节点进行分类。

此外，为了更好地显示算法探测到的社团结构，将图 8.23 的两个社团分别在拓扑图上用不同的灰度表示，结果揭示了 Zachary 空手道俱乐部网络的社团结构划分，如图 8.24 所示。

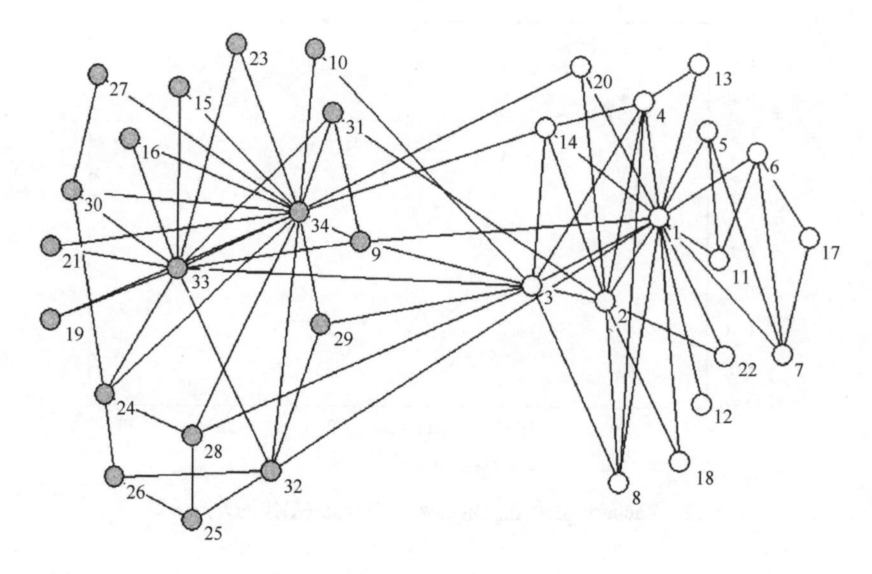

图 8.24　Zachary 空手道俱乐部网络的社团结构，每个社团具有不同的灰度[33]

3. 海豚社交网络

海豚社交网络[34]是另一个在社团探测中经常被引用的真实世界的基准网络，它是由对 62 只海豚在 7 年里的观察构建而成的。该网络主要分为两组，少数海豚在观察过程中消失在边界上。如图 8.25 所示。

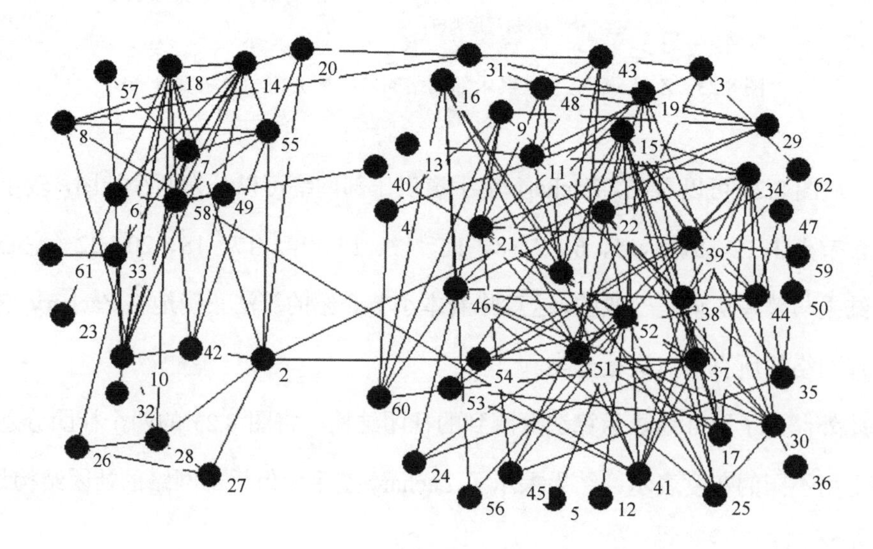

图 8.25　海豚社交网络拓扑[33]

选择标准的迭代次数，计算 max(Q_k)作为 k 的函数，如图 8.26 所示。

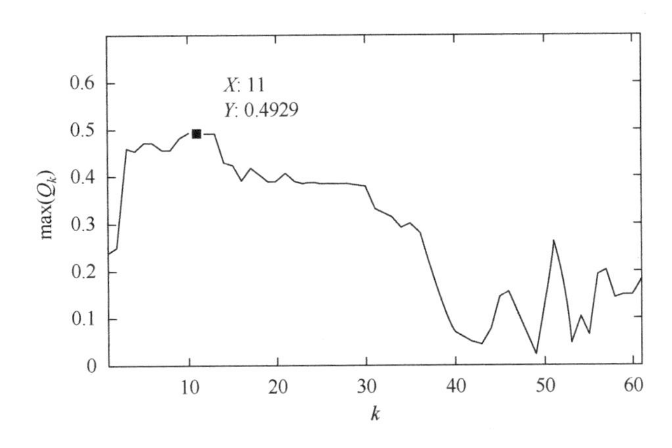

图 8.26　海豚社交网络中 max(Q_k)作为 k 的函数[33]

由图 8.26 可知，参数 k 可以赋值为 11，层次聚类树及其对应的模块度分布如图 8.27 所示。

根据 Lusseau[34]可知海豚的社交网络可以分为两个主要的社团，较小的社团包含节点 2、6、7、8、10、14、18、20、23、26、27、28、32、33、42、49、55、57、58、61。在图 8.27 中，这个群落用实心方形表示，另一个群落用空心圆形表示。在本小节介绍的算法中，除了节点 40 外，所有的节点都被正确分类。实际上，节点 40 被认为位于两个社团的边界上。另外，在拓扑图上用不同的灰度表示图 8.27 所示的两个社团，结果揭示了海豚社交网络的社团结构划分，如图 8.28 所示。

4. 大学足球网络

作为算法的进一步测试，下面转向另一个现实世界的网络。根据 Girvan 和 Newman[11]的整理，该网络代表了 2000 年学院之间的美式足球比赛。大学足球网络的拓扑如图 8.29 所示，其中，节点代表球队，边代表两队之间的常规赛。这些足球队之间的关系使这个网络融入了一个已知的社团结构，共有 114 个球队，分为 11 个

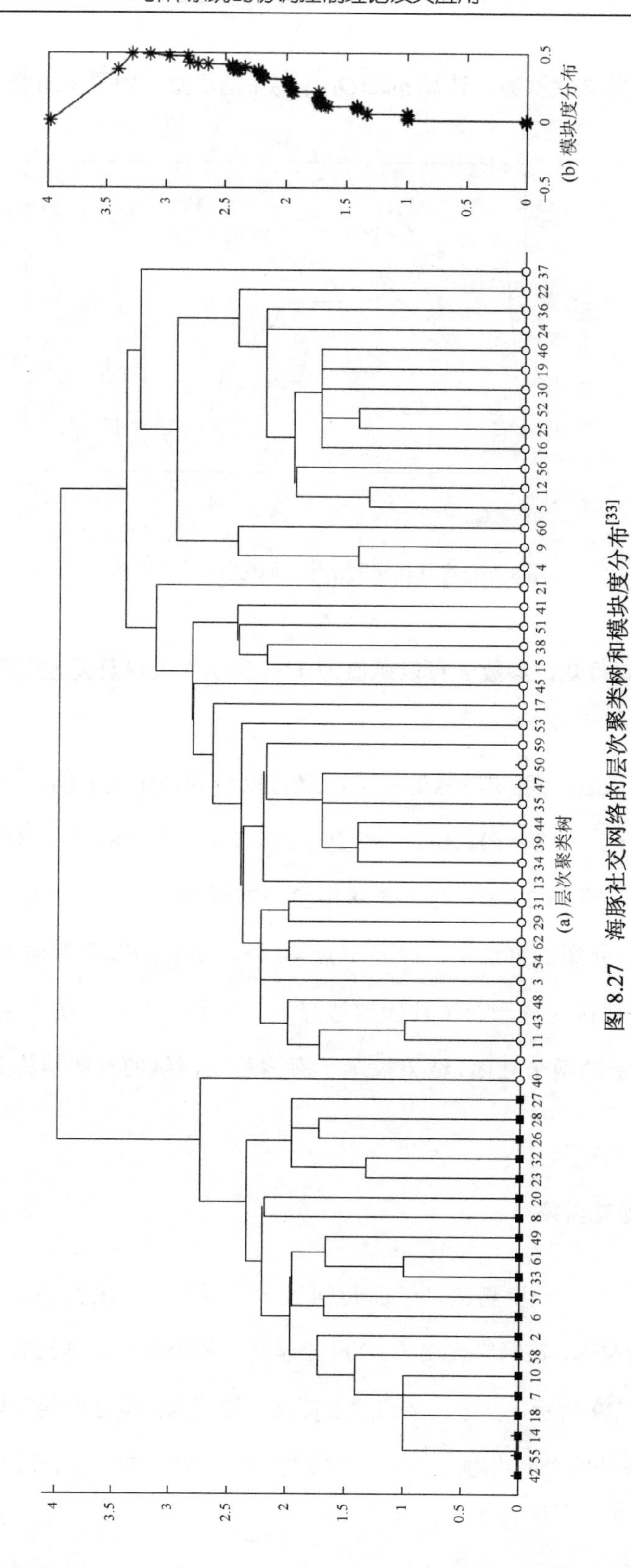

(a) 层次聚类树

(b) 模块度分布

图 8.27　海豚社交网络的层次聚类树和模块度分布[33]

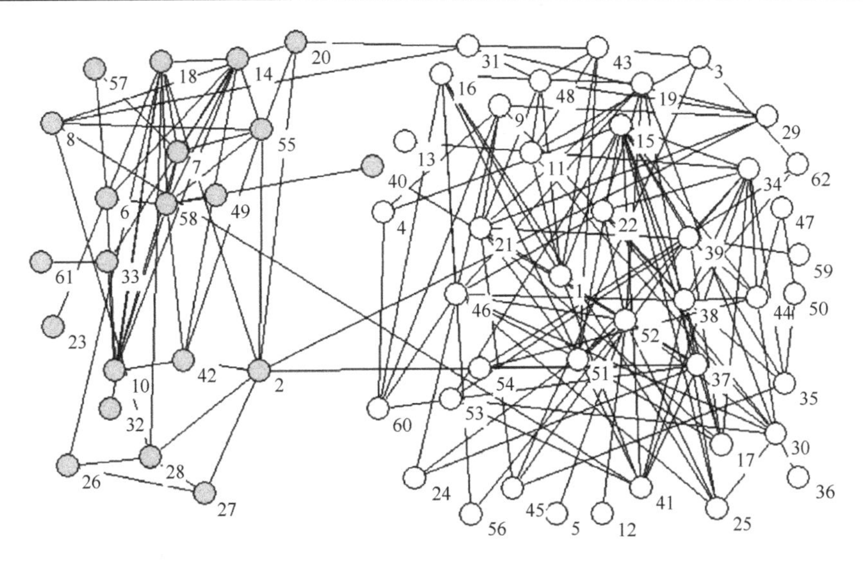

图 8.28　海豚社交网络的社团结构，每个社团具有不同灰度[33]

联盟，每个联盟有 8～12 个球队，以及几个不属于任何联盟的独立球队。在同一个联盟的成员之间比赛较在不同联盟的成员之间的比赛更频繁。不同联盟之间的比赛并不是均匀分布的，地理上彼此接近但属于不同联盟的球队比地理上相隔很远的球队更有可能互相比赛。

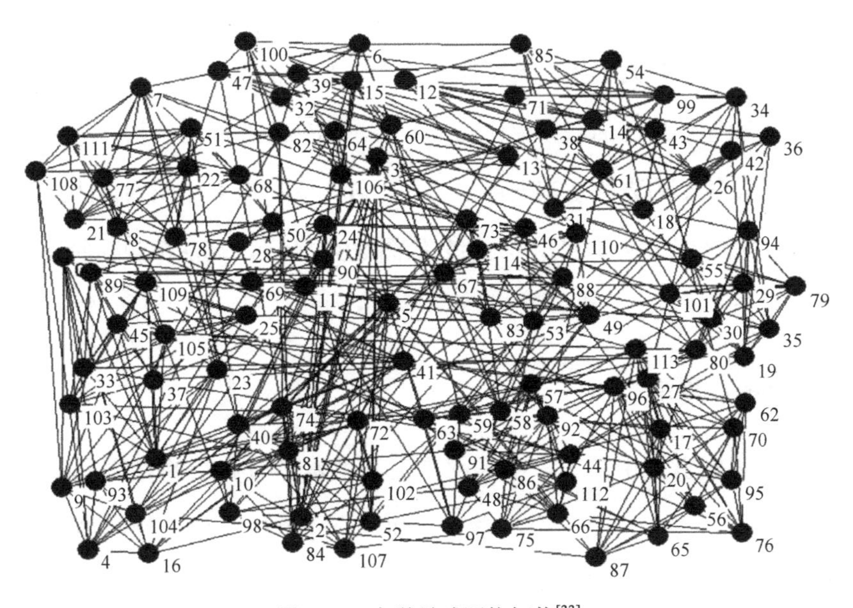

图 8.29　大学足球网络拓扑[33]

将本小节介绍的算法应用到这个网络中，首先根据 8.3.2 节的规则选择标准的迭代次数，然后计算 $\max(Q_k)$作为 k 的函数，结果如图 8.30 所示。

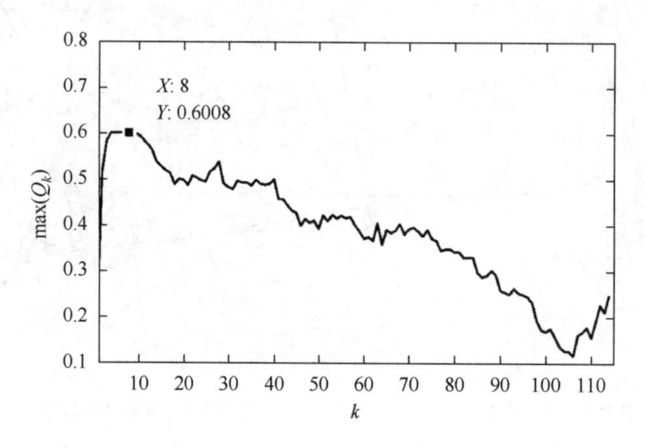

图 8.30 大学足球网络中 $\max(Q_k)$作为 k 的函数[33]

根据图 8.30 将参数 k 设为 8，得到图 8.31 所示的层次聚类树和模块度分布。（节点从 1 开始编号，因此图 8.31 中节点 1 对应于图 8.29 中节点 0，其他节点以此类推）

本小节介绍的算法从大学足球网络中识别出 11 个社团，这些社团的大多数节点都被正确分类。然而，阳光地带联盟（实心五角星）被分成两组，其中一部分与美国联盟（实心三角）分为一组。这可能是由于阳光地带联盟的球队与美国联盟的球队的比赛几乎和他们自己的联盟中比赛一样多。当然，在网络结构与联盟结构不一致的情况下，该算法的失效是有理可据的。一般来说，该算法识别社团结构具有较高的成功率。大学足球网络社团结构划分如图 8.32 所示，算法探测到的社团分别用不同的灰度表示。

5. Netscience 网络

本小节在现实世界中的一个实际网络上测试本小节介绍的算法，在本小节中称为 Netscience 网络。这是一个科学家之间的合作网络，他们就网络的话题发表文章，如果两名科学家共同发表了一篇论文，他们就被认为是相连的。Newman[35] 使用从许多数据库中提取的数据编制了这个网络，这个网络总共有 1589 名科学

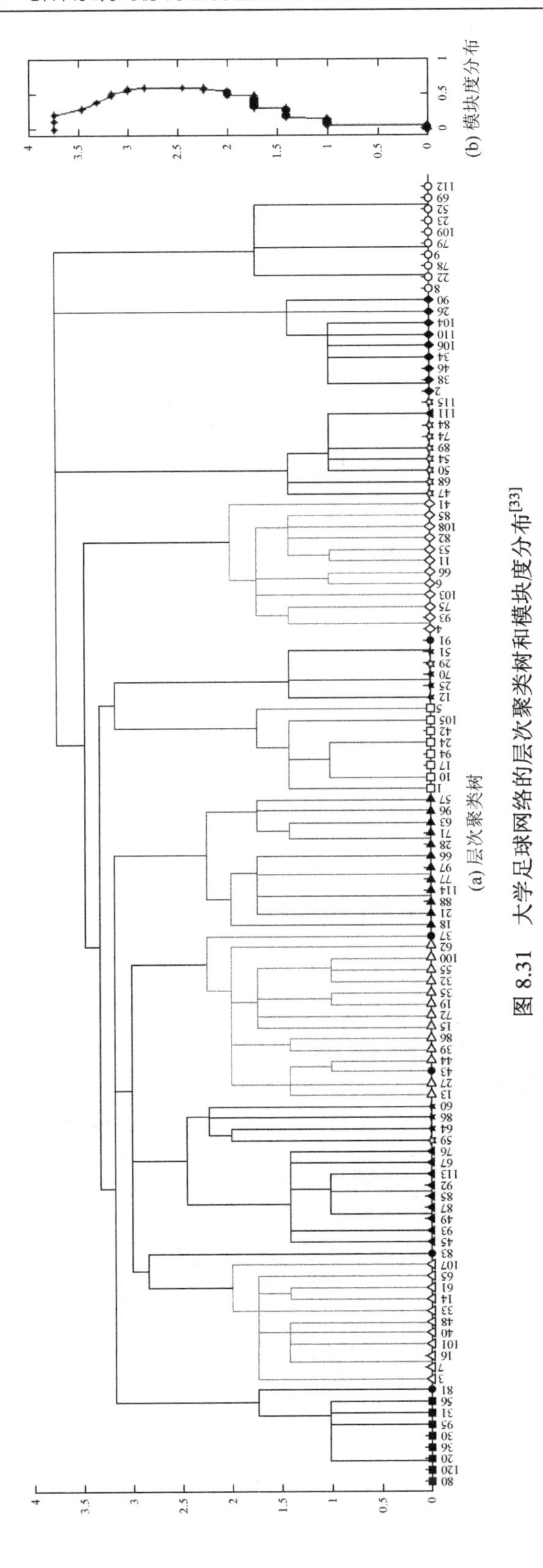

图 8.31　大学足球网络的层次聚类树和模块度分布[33]

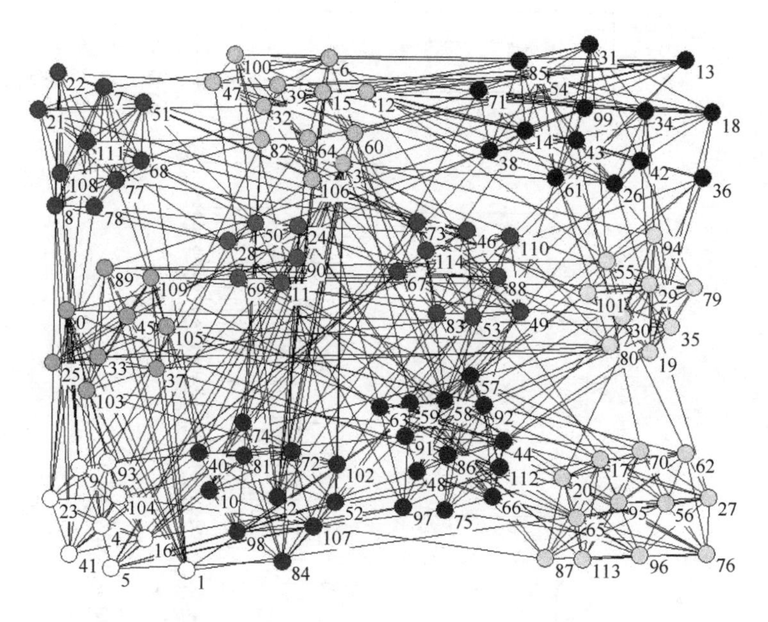

图 8.32　大学足球网络的社团结构，每个社团具有不同的灰度[33]

家，来自不同领域，在 Newman 的研究中，最大的社团由 379 名科学家组成。Netscience 网络的拓扑结构如图 8.33 所示。

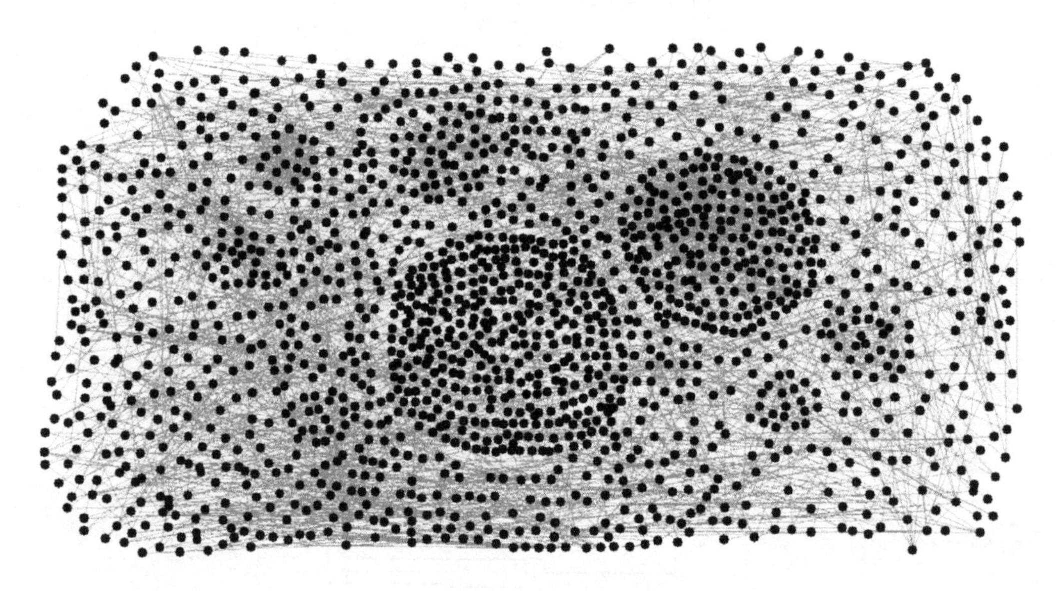

图 8.33　Netscience 网络拓扑[33]

应用经验法则来检查 $2\ln N = 2\ln(1589) \approx 14.7$ 附近的几个值，因此对参数 k 的取值在 1～30 进行研究，并将 $\max(Q_k)$作为 k 的函数绘制出来，结果如图 8.34 所示，可以发现峰值在 $k = 13$ 处。

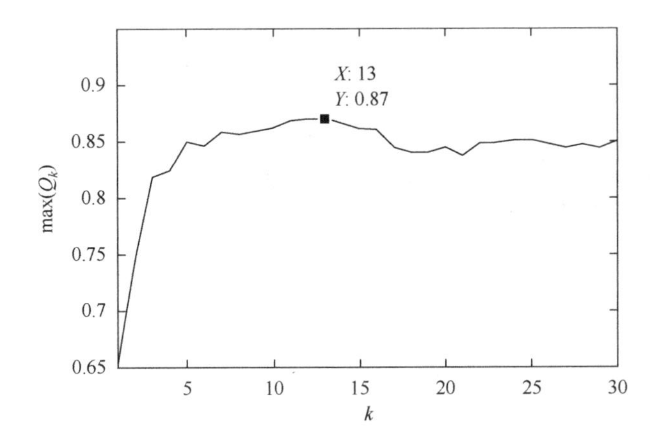

图 8.34　Netscience 网络中 $\max(Q_k)$作为 k 的函数[33]

使用本小节算法，在 Netscience 网络中探测到超过 200 个社团，并且大多数社团由不到 10 个节点组成。因此，为了在图 8.35 中清晰地可视化，在揭示了社团结构的地方有超过或等于 20 个节点的社团（即前 8 个社团）分别用不同的灰度表示，小于 20 个节点的社团全部用白色表示。从图 8.34 可以看出，算法对社团划分的模块度为 0.87，说明算法探测到的社团结构较强。同时，该算法发现了最大的拥有 332 个节点的社团，这与 Newman 的结果接近。此外，图 8.36 和图 8.37 分别展示了社团大小的分布和属于特定大小社团的节点的比例，结果表明，大多数社团都是小社团，这意味着 Netscience 网络中的科学家往往在小社团中紧密合作。同时，前 8 个社团节点的比例超过 43%，说明小型社团数量众多，大型社团数量较少。

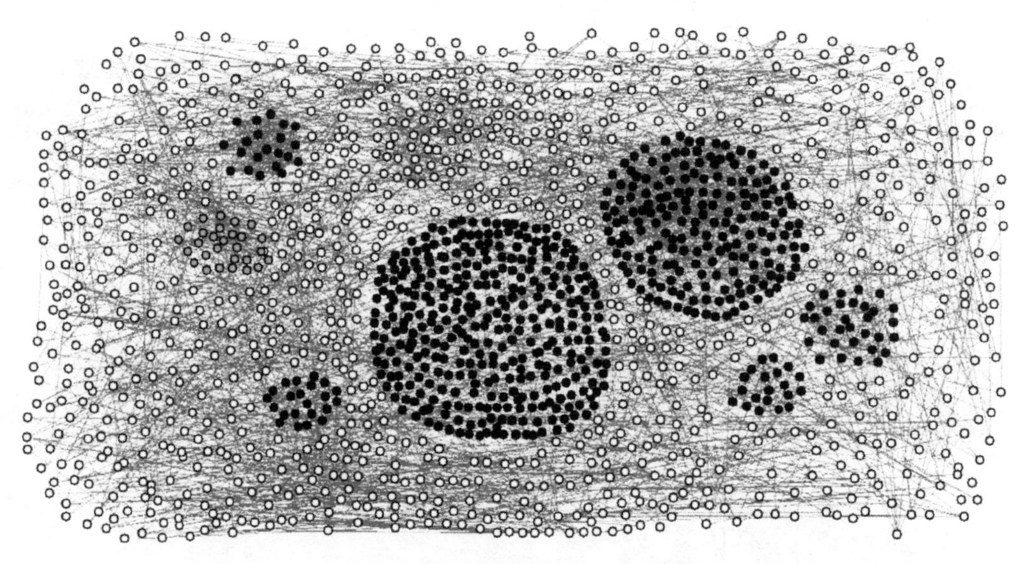

图 8.35 Netscience 网络的社团结构，每个社团具有不同的灰度[33]

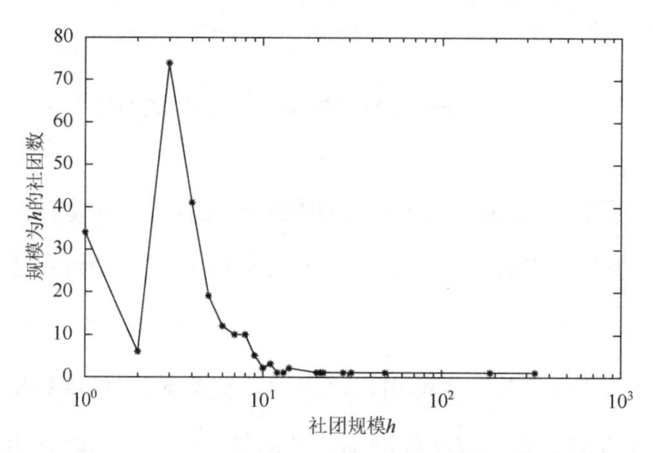

图 8.36 Netscience 网络中具有特定规模的社团的数量[33]

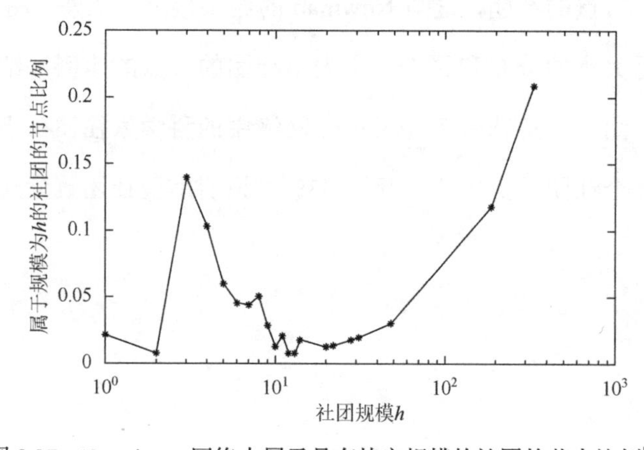

图 8.37 Netscience 网络中属于具有特定规模的社团的节点比例[33]

8.4　基于一致性和领导者节点选择之间的交替动力学探测网络社团结构

本节介绍两种基于一致性动力学和领导者节点选择的算法，这两种算法能够自然地探测社团结构和识别重叠节点。经典的基于模块度的方法通过模块度[21]考虑网络的连接模式或网络的局部区域来寻找社团，如 GN 算法[11]、Newman 快速算法[15]、局部社团探测方法[36]。近十年来的研究表明，复杂的网络结构广泛控制着网络系统的行为和功能。这一事实启发了人们用相反的方法来研究社团结构探测问题，在该问题中，一致性动力学作为探针被用来理解网络的社团结构，这是本节介绍的算法背后的思想。本节给出一个动力学理论框架，该理论框架使用一致性动力学和领导选择，这与基于模块度的方法完全不同。动力学方法揭示了动力学和网络拓扑的深层关系，从动力系统的角度来捕捉网络的结构特征，以交替的方式结合一致性动力学和领导者选择，而不使用模块度。对于第一个算法，识别领导者节点要先分析节点的影响系数，然后利用一致性动力学和节点的差异系数，找到属于相应领导者节点组的节点。通过这两个过程的交替，可以找到领导者节点和重叠的社团，而无须假设社团的数量和各自的大小。第二种算法是通过领导跟随模型对第一种算法的扩展。在第一种算法确定了领导者节点后，通过在网络上执行一致性动力学来预测属于相应领导者节点的隶属，并且给出一种计算节点隶属度向量的方法，可以自然地确定社团对应的领导者节点，定量地确定网络中所有节点的隶属。

8.4.1　基础理论

本小节使用一致性动力学来揭示网络的社团结构。基于节点度的影响力度量和基于一致性动力学的差异系数是主要的方法。

1. 影响力度量

在网络中，影响较大的节点通常被放置在重要的位置上。度是描述网络中节点重要性最常用的度量方法。但是，在实际网络中，度较小的节点可能具有较大的影响。例如，图 8.38 中节点 4 是连接社团 A 和社团 B 的关键节点，但节点 4 的度小于节点 3 和节点 5 的度。因此，将节点的影响力定义为

$$f_i = d_i + \alpha_1 \sum_{j \in N_i^1} d_j + \alpha_2 \sum_{j \in N_i^2} d_j + \cdots + \alpha_k \sum_{j \in N_i^k} d_j \tag{8.27}$$

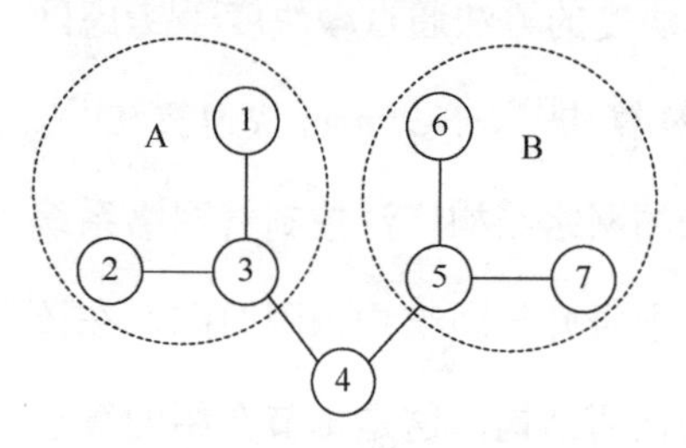

图 8.38 一个简单网络拓扑[37]

其中，d_i表示节点 i 的度；N_i^k 表示节点 i 的 k 阶邻居集；$\alpha_k \in [0, 1]$是第 k 阶邻居的加权参数。因此，图 8.38 中的网络节点的影响力测度可以用典型的设置 $\alpha_1 = 1$，$\alpha_2 = \alpha_3 = \cdots = \alpha_n = 0$ 计算（表 8.3）。例如，节点 3 的影响力为 7，即节点 1、2、3、4 的度的总和。

表 8.3 节点的影响力[37]

节点	1	2	3	4	5	6	7
影响力	4	4	7	8	7	4	4

2. 差异系数

这里使用一致性动力学[31, 38]来揭示网络中节点之间的紧密程度。算法中在网络上执行的一致性协议可以表示为

$$x_i(k+1) = x_i(k) + \frac{\sum_{j \in N_i} (x_j(k) - x_i(k))}{d_i + 1} \tag{8.28}$$

其中，d_i表示节点 i 的度；$x_i(k)$表示在第 k 次迭代时节点 i 的状态；N_i表示节点 i 的邻居集。

通过一致性动力学可以量化网络中两个节点之间的紧密程度。但是，节点关系

的精确描述需要在算法中表示。深入研究一致性过程中节点的动力学状态，可以基于节点状态表达网络中节点之间的差异系数，并且节点的差异系数定义为

$$e_{li}=\left|\frac{x_l(k)-x_i(k)}{x_i(k)}\right| \tag{8.29}$$

其中，$x_i(k)$表示在迭代 k 次时节点 i 的状态；差异系数 e_{li} 揭示节点 i 和领导者节点 l 之间的接近度。绝对值符号确保 e_{li} 的值在[0, 1]，e_{li} 越小，节点 i 和领导者节点 l 越接近。

8.4.2　使用一致性动力学进行社团探测

本小节介绍一种基于一致性动力学的社团探测算法。该方法包含两个主要部分：基于节点影响力的分析找到领导者节点，并通过应用亲和力传播理论[39]确定网络中领导者节点的跟随节点。在该方法中，网络的领导者节点的数量揭示了社团的数量，并且可以通过找到属于不同领导者节点的节点来获得社团。下面将介绍该算法中的几个关键方法。

1. 社团结构与参数 ε 的关系

在该算法中，首先选择影响力最大的节点作为第一个领导者节点 l_1，然后确定与 l_1 紧密连接的节点作为其伙伴。领导者节点及其相应的伙伴构成了网络的一个社团，但是，需要确认属于领导者伙伴的节点与其他节点之间的边界。由于节点的接近度可以基于式（8.29）精确表达，可引用参数 ε 来寻找合适的边界，其中，参数 ε 代表算法的准确度（当 ε 设置为不同的值时，会有不同的节点将被分为领导者的伙伴），也即选择特定的 ε 并寻找条件为 $e_{li}\leqslant\varepsilon$（$0\leqslant\varepsilon\leqslant1$）的节点作为领导者的伙伴。

参数 ε 表示差异系数 e_{li} 的上限，可得到参数 ε 与领导者的伙伴数量（相应的社团）之间的实验关系：如果参数 ε 等于 0，则领导者节点没有伙伴；如果提高参数 ε，则属于领导者的节点数量将增加；当 ε 为 1 时，网络中的所有节点将跟随领导者节点。

2. 确定领导者的社团重叠

在本小节的算法中，需要在确定对应领导者节点 l_1 的第一个社团之后找到下一个领导者节点，并且第二个领导者节点 l_2 也应该在网络的其余部分具有最大的影响力。然而，在真实网络中，l_2 的选择可能导致图 8.39 中的错误，即 l_2 和 l_1 的伙伴存在许多重叠。显然，对于重叠比例较大的情况，领导者节点 l_2 的选择是不合适的。

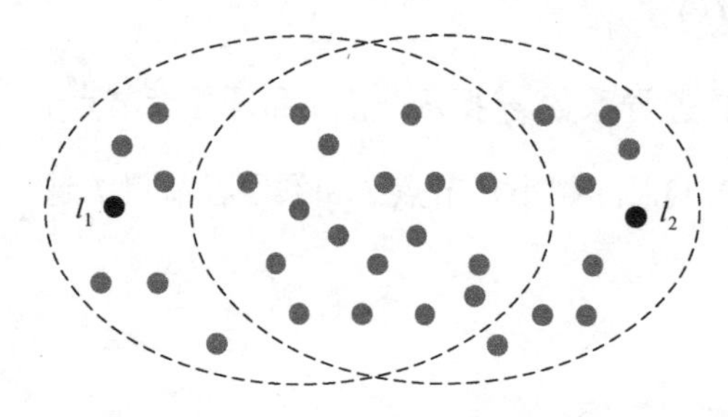

图 8.39 l_1 和 l_2 的伙伴之间的重叠[37]

为了辨别新的领导者节点是否合适，将重叠系数定义为

$$h_i = \frac{P_{l_{1,2}}}{P_{l_i}} \tag{8.30}$$

其中，P_{l_i}（$i=1,2$）分别表示领导者节点的伙伴数量；$P_{l_{1,2}}$ 代表不仅属于领导者 l_1 而且属于 l_2 的伙伴数量。h_i（$i=1.2$）分别表示社团 1 和社团 2 的重叠率。通常，如果 h_1 和 h_2 相对较小（根据经验可以设置 $h_i<0.5$），那么就可以认为第二个领导者节点是合适的，否则，应放弃第二个领导者节点并选择一个新领导者节点。

3. 孤立节点的分配

当算法结束时，需要确定单个孤立节点的分配。对于无法分配给任何社团的节点，包括属于社团中唯一成员的节点，将其称为孤立节点。对于每个孤立节点，将其分配给其最多的邻居所在的社团。

4. 简单测试示例

在图 8.40 中给出的具有三个社团的网络上测试算法，可得到表 8.4 所示的节点的影响力，设式（8.27）中 $\alpha_1=1$，当 $n>1$ 时 $\alpha_n=0$。

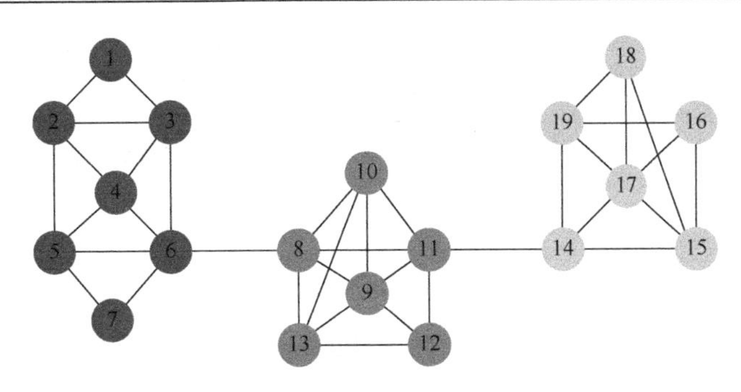

图 8.40　具有三个社团的网络[37]

表 8.4　具有三个社团的网络中节点的影响力[37]

节点	1	2	3	4	5	6	7	8	9	10
影响力	10	18	19	21	19	24	11	28	26	23
节点	11	12	13	14	15	16	17	18	19	
影响力	26	17	21	22	19	16	23	16	19	

由表 8.4 可知，网络中影响力最大的节点是节点 8，可以将其设置为第一个领导者节点 l_1。然后可以通过基于一致性动力学将节点 8 的初始状态设置为 1，并将其他状态设置为 0 来找到其伙伴。这种标准设置将消除由一致过程中节点的不同初始状态引起的负面影响。

此外，还应选择适当的节点状态（即合适的迭代次数）以计算领导者节点和其他节点之间的差异系数。这是由于当迭代太多次时，所有节点都将在一致性协调过程中达成协议。但是，由于迭代时间过短，节点的差异并不明显。这里将静态迭代次数设置为网络直径的值，实验结果表明节点间的关系可以精确表达。然后，通过式（8.29）获得领导者节点 l_1 和其他节点之间的差异系数（迭代次数为 7，即网络的直径），如表 8.5 所示。

表 8.5　领导者节点 TNR_1（节点 8）与其他节点的差异系数[37]

节点	1	2	3	4	5	6	7	8	9	10
差异系数	0.72	0.69	0.67	0.64	0.62	0.51	0.57	0.00	0.11	0.10
节点	11	12	13	14	15	16	17	18	19	
差异系数	0.03	0.12	0.13	0.66	0.84	0.88	0.85	0.88	0.84	

根据节点的差异系数，需要选择适当的参数 ε 来找到与领导者节点 l_1 对应的社团。为此，可根据 8.4.2 节描述参数 ε 与领导者伙伴数量之间的关系。这种关系如图 8.41 所示，很明显，领导者的社团的规模随着 ε 的增加而扩大。此外，深入研究图 8.41 中的曲线发现，存在一些平滑区域，这些区域意味着领导者的伙伴数量不随 ε 变化而变化，可将其作为边界。边界左侧的节点比其他节点更接近领导者，并且平滑区域越长，边界越清晰。因此，应选择最长的平滑区域，并且该区域中的参数 ε 是最合适的。

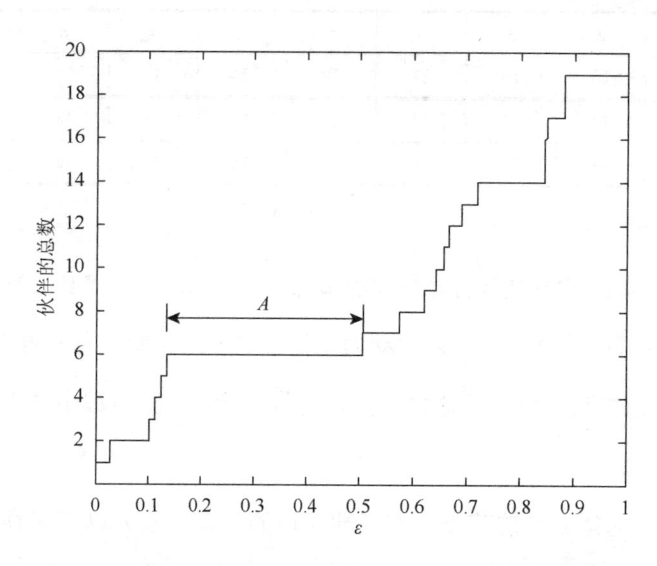

图 8.41 领导者节点 l_1（节点 8）伙伴数量与 ε 的关系[37]

因此，在图 8.41 中的区域 A（最长的平滑区域）中选择合适的 ε，即[0.13，0.51) 中的值，发现领导者节点 8 的伙伴包括节点 9～13。领导者节点 8 及其伙伴构成了该网络的第一个社团。

为了完成对网络的探测，需要对其他领导者及其相应的社团进行分类。在网络的其余节点中，具有最大影响力的节点（节点 6）是作为第二个领导者节点的第一选择。这里用式（8.30）测试节点 6，基于一致性动力学可以获得节点 6 与其他节点之间的差异系数，如表 8.6 所示。并且 ε 与节点伙伴的数量之间的关系如图 8.42 所示。因此，参数 ε 可以在[0.12，0.56)中选择，并且可以对节点 6 的伙伴进行划分，包括节点 1～5 和节点 7。在领导者节点 6 和节点 8 的伙伴之间不存在重叠节点。因此，节点 6 是适合成为领导者节点的，其相应的社团由节点 1～7 组成。

表 8.6　领导者节点 TNR_2（节点 6）与其他节点的差异系数[37]

节点	1	2	3	4	5	6	7	8	9	10
差异系数	0.08	0.10	0.08	0.10	0.12	0.00	0.12	0.56	0.68	0.67
节点	11	12	13	14	15	16	17	18	19	
差异系数	0.73	0.71	0.67	0.92	0.97	0.98	0.98	0.98	0.97	

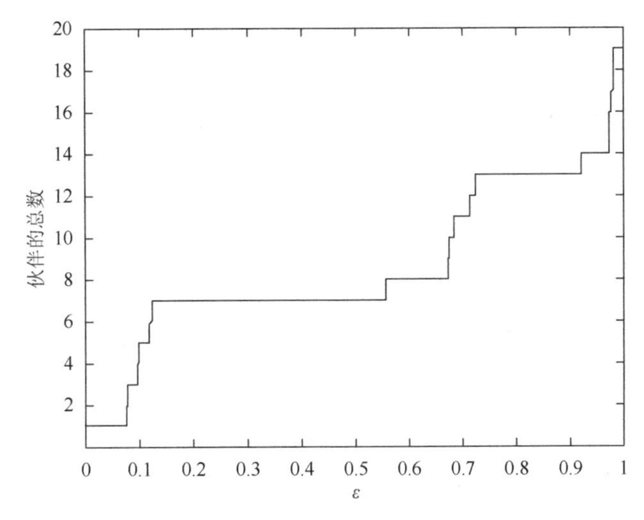

图 8.42　领导者节点 l_1（节点 6）伙伴数量与 ε 的关系[37]

以同样的方式，选择节点 17 作为第三个领导者节点。节点 17 和其他节点之间的差异系数如表 8.7 所示，ε 与节点伙伴数量之间的关系如图 8.43 所示。然后参数 ε 可在[0.17, 0.76）中选择，其伙伴包括节点 14～16 和节点 18～19。很明显，它的伙伴和节点 8 所领导的社团之间没有重叠。同时，节点 17 领导的社团与节点 6 领导的社团之间的重叠系数是 0。因此，节点 17 是网络的第三个合适的领导者节点，其社团包括节点 14～19。

表 8.7　领导者节点 TNR_3（节点 17）与其他节点的差异系数[37]

节点	1	2	3	4	5	6	7	8	9	10
差异系数	0.99	0.99	0.99	0.99	0.99	0.98	0.99	0.90	0.89	0.89
节点	11	12	13	14	15	16	17	18	19	
差异系数	0.76	0.88	0.91	0.17	0.01	0.03	0.00	0.03	0.01	

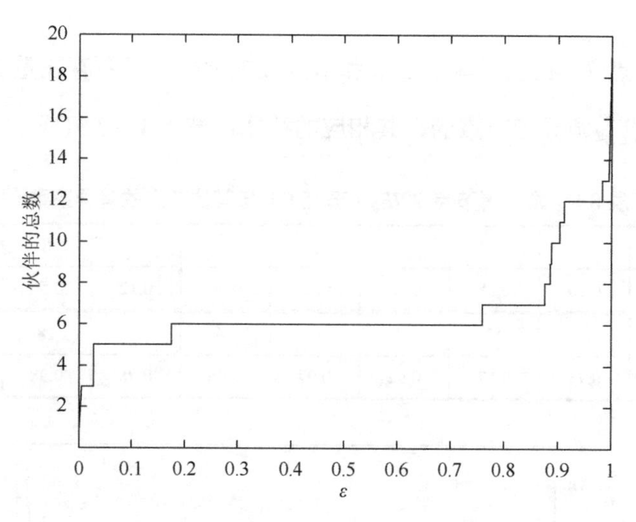

图 8.43 领导者节点 l_3（节点 17）伙伴数量与 ε 的关系[37]

现在，网络中的所有节点都已被明确划分，可以得出结论：网络中存在三个社团。第一社团包括节点 8～13，其领导者节点是节点 8；第二社团包括节点 1～7，其领导者节点是节点 6；第三社团包含节点 14～19，其领导者节点是节点 17。算法给出的结果与图 8.40 中的网络划分一致。

8.4.3 基于领导跟随模型的社团探测

基于 8.4.2 节中给出的算法，可以在不假设社团数量及其相应大小的情况下获得网络的社团结构。此外，可以揭示与网络中每个社团的核心节点相对应的领导者节点。本小节介绍一种基于领导跟随模型的算法，是 8.4.2 节中算法的扩展。

受领导跟随模型的启发，假设可以首先使用 8.4.2 节中给出的算法找到所有社团的领导者节点，然后根据一致性动力学描述属于每个领导者节点的隶属度。其次通过基于隶属度确认相应的领导者的跟随者来准确地获得网络的社团结构。下面将给出一种方法来计算节点的隶属度向量。

在 8.4.1 节中，引入差异系数以定量地揭示领导者与其他节点之间的接近程度，并且差异系数越小，意味着它们越接近。因此，属于领导者 l_i 的节点 j 的隶属度可以表示为

$$p_{l_i j} = \frac{\frac{1}{e_{l_i j}}}{\sum_{m=1}^{M} \frac{1}{e_{l_m j}}} \tag{8.31}$$

其中，M 表示领导者的数量；$e_{l_i j}$ 代表节点 j 和领导者 l_i 之间的差异系数。因此，节点 j 的隶属度向量可以描述为 $p_j = (p_{l_1 j}, p_{l_2 j}, \cdots, p_{l_M j})$，并且向量元素的总和为 1。

在图 8.40 中的网络上测试该算法，可以用式（8.31）计算节点的隶属度向量。由于存在三个领导者节点（节点 8，节点 6 和节点 17)，所以隶属度向量如表 8.8 所示。

表 8.8　具有三个社团的网络节点隶属度向量[37]

节点	隶属度向量（l_1，l_2，l_3）	节点	隶属度向量（l_1，l_2，l_3）
1	（0.0896，0.8460，0.0644）	11	（0.9299，0.0359，0.0342）
2	（0.1161，0.8037，0.0802）	12	（0.7607，0.1318，0.1075）
3	（0.0949，0.8418，0.0633）	13	（0.7421，0.1483，0.1096）
4	（0.1195，0.8035，0.0770）	14	（0.1829，0.1300，0.6971）
5	（0.1450，0.7647，0.0903）	15	（0.0045，0.0039，0.9916）
6	（0.0000，1.0000，0.0000）	16	（0.0298，0.0267，0.9435）
7	（0.1613，0.7455，0.0932）	17	（0.0000，0.0000，1.0000）
8	（1.0000，0.0000，0.0000）	18	（0.0298，0.0267，0.9435）
9	（0.7746，0.1273，0.0981）	19	（0.0045，0.0039，0.9916）
10	（0.7896，0.1195，0.0909）		

基于表 8.8 中的向量,可以精确地获得网络的社团结构:第一个社团包含节点 8～13，第二个社团包括节点 1～7，第三个社团包括节点 14～19。很明显地，该方法给出的社团结构与图 8.40 中网络的实际结构相同。同时，可以基于成员关系准确地揭示网络中节点的隶属。另外，可以根据隶属度向量描述重叠节点的隶属趋势，并且不会有任何孤立节点存在。

8.4.4　算法在网络上的应用

本小节选择了几个真实网络（Zachary 空手道俱乐部网络，海豚社交网络，大学足球网络和美国政治书籍网络）和计算机生成网络来测试本小节介绍的社团探测方法的性能。在这些测试中，采用归一化互信息（NMI）[40]来度量探测到社团结果与标准社团划分之间的相似度。NMI 的值介于 0 和 1，当两个划分完全相同时，NMI = 1，在其他情况下 NMI<1。下面将分别阐述测试结果。

1. Zachary 空手道俱乐部网络

Zachary[28]空手道俱乐部网络是一个真实的网络，俱乐部在两位主要领导人的冲突之后分成两组。它包括 34 个节点，节点之间的边连接被观察到在俱乐部活动之外有交互的成员，如图 8.44 所示。

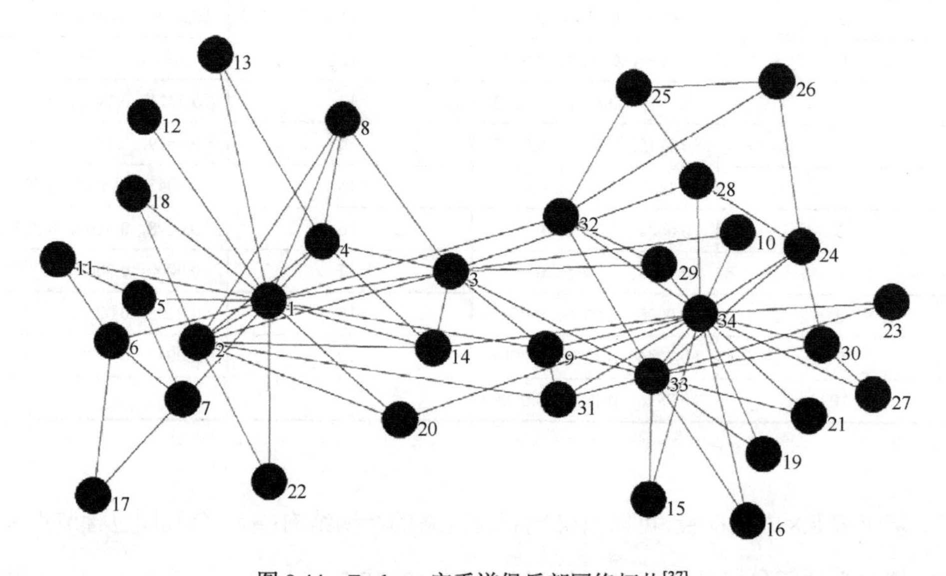

图 8.44 Zachary 空手道俱乐部网络拓扑[37]

用 8.4.2 节中的算法分析网络，节点的影响力由式（8.27）描述，其中，$\alpha_1 = 1$，当 $n > 1$ 时 $\alpha_n = 0$。可以得到第一个领导者 l_1，即节点 1。利用式（8.29）在迭代 $k = 5$（网络的直径）次时计算差异系数，可得到领导 l_1 在 ε 值为 0.31 时的伙伴，包括节点 1～8、11～14 和节点 17、18、20、22。在其余部分中影响力最大的节点 34 是领导者 l_2 的最合适的选择，然后确定第二次聚合，包括节点 3、9、10、14、15、16、19、20、21、23～34（$\varepsilon = 0.4$）。

现在，已经将所有节点分别划分到属于领导者节点 l_1 和领导者节点 l_2 的两个社团。因此，可以得出结论，该网络中存在两个社团。根据上面的分析，探测到的社团结构如图 8.45 所示。此外，发现节点 3、14、20 是重叠节点，因为它们可能是领导者 1 和 34 的弱支持者。

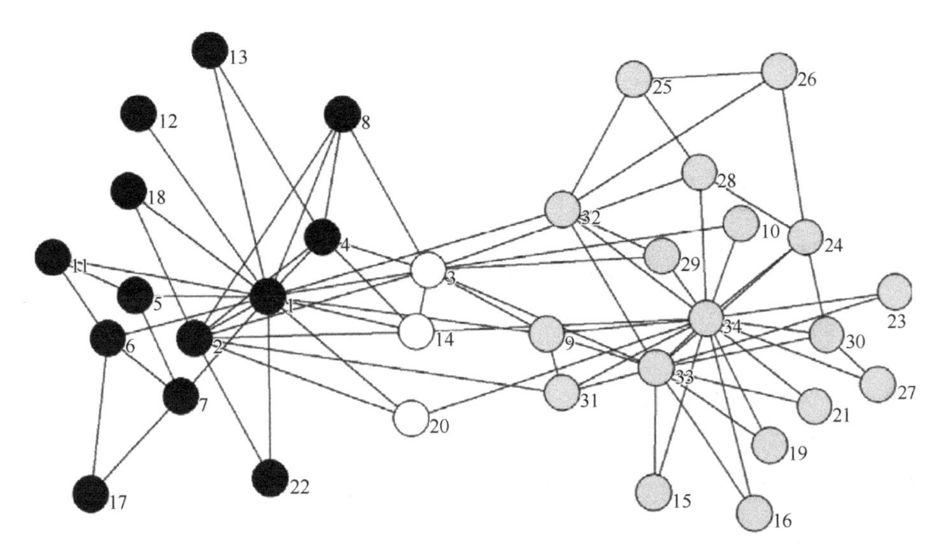

图 8.45　由 8.4.2 节中的算法探测到的 Zachary 空手道俱乐部网络社团结构[37]

通过应用 8.4.3 节中给出的算法，可通过式（8.31）分别表示属于领导者节点 1 和 34 的节点的成员隶属。表 8.9 为节点的隶属度向量。根据这些向量，可以精确地识别社团结构，如图 8.46 所示。显然，所有节点都被正确识别，而且获得了相应社团中节点的精确隶属。

表 8.9　Zachary 空手道俱乐部网络节点隶属度向量[37]

节点	隶属度向量 (l_1, l_2)	节点	隶属度向量 (l_1, l_2)	节点	隶属度向量 (l_1, l_2)
1	(1.0000, 0.0000)	7	(0.8379, 0.1621)	13	(0.8773, 0.1227)
2	(0.8578, 0.1422)	8	(0.9264, 0.0736)	14	(0.7007, 0.2993)
3	(0.5113, 0.4887)	9	(0.2608, 0.7392)	15	(0.1950, 0.8050)
4	(0.4933, 0.0567)	10	(0.1269, 0.8731)	16	(0.1950, 0.8050)
5	(0.8131, 0.1869)	11	(0.8131, 0.1869)	17	(0.8520, 0.1480)
6	(0.8379, 0.1621)	12	(0.7246, 0.2754)	18	(0.8933, 0.1067)

续表

节点	隶属度向量(l_1, l_2)	节点	隶属度向量(l_1, l_2)	节点	隶属度向量(l_1, l_2)
19	(0.1950，0.8050)	25	(0.2203，0.7797)	31	(0.1699，0.8301)
20	(0.6506，0.3494)	26	(0.1733，0.8267)	32	(0.2118，0.7882)
21	(0.1950，0.8050)	27	(0.2149，0.7851)	33	(0.0681，0.9319)
22	(0.8933，0.1067)	28	(0.1352，0.8648)	34	(0.0000，1.0000)
23	(0.1950，0.8050)	29	(0.1896，0.8104)		
24	(0.0516，0.9484)	30	(0.1811，0.8189)		

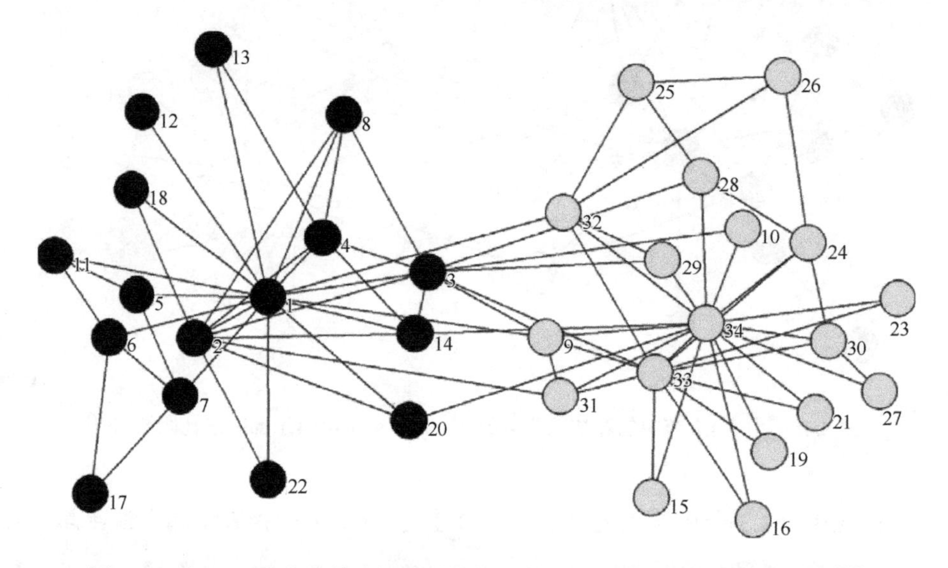

图 8.46　由 8.4.3 节中的算法探测到的 Zachary 空手道俱乐部网络社团结构[37]

2. 海豚社交网络

生物学家 David Lusseau 研究了生活在新西兰神奇峡湾的海豚社交网络[34]，其中，包括 62 只宽吻海豚。根据年龄海豚网络自然分为两组，如图 8.47 所示。

为了分析该网络，应用 8.4.2 节中的算法，节点的影响力由式（8.27）描述，其中，$\alpha_1=1$，当 $n>1$ 时 $\alpha_n=0$，可得到领导者 l_1，即 15 号节点。利用式（8.29）在迭代 $k=8$（网络的直径）次时计算差异系数，可以得到领导者 l_1 在 ε 值为 0.46 时的伙伴。在其余部分中影响力最大的节点 14 是领导者 l_2 的最佳选择，然后确定第二次聚合，此时 $\varepsilon=0.57$。

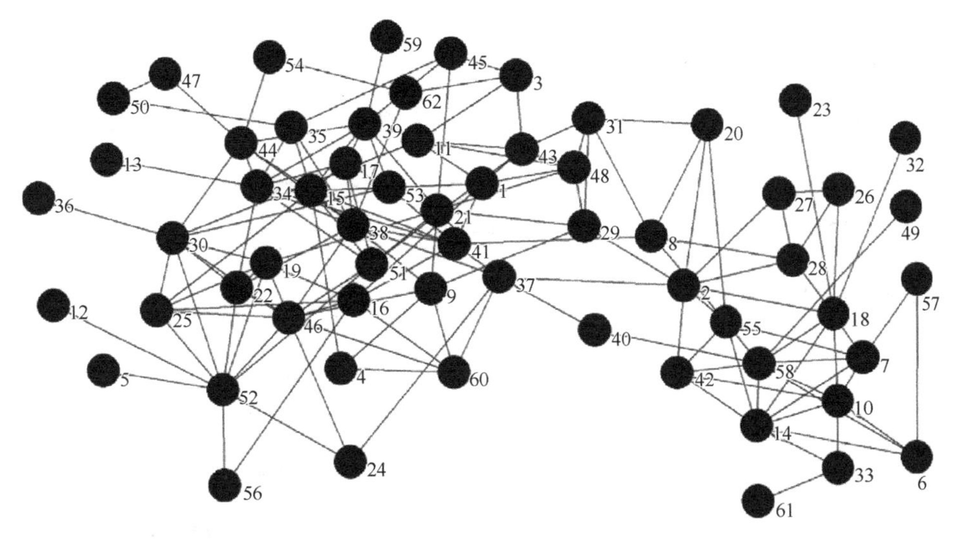

图 8.47　海豚社交网络拓扑[37]

因此，所有节点已经划分为分别属于领导者节点 l_1 和领导者节点 l_2 的两个社团。因此，可以得出结论，该网络中存在两个社团。

根据上面的分析，8.4.2 节中给出的算法探测的网络社团结构如图 8.48 所示，发现只有节点 40 被错误分类，这是由于节点 40 被认为是位于两个社团之间的边界。此时，NMI 的值等于 0.889。

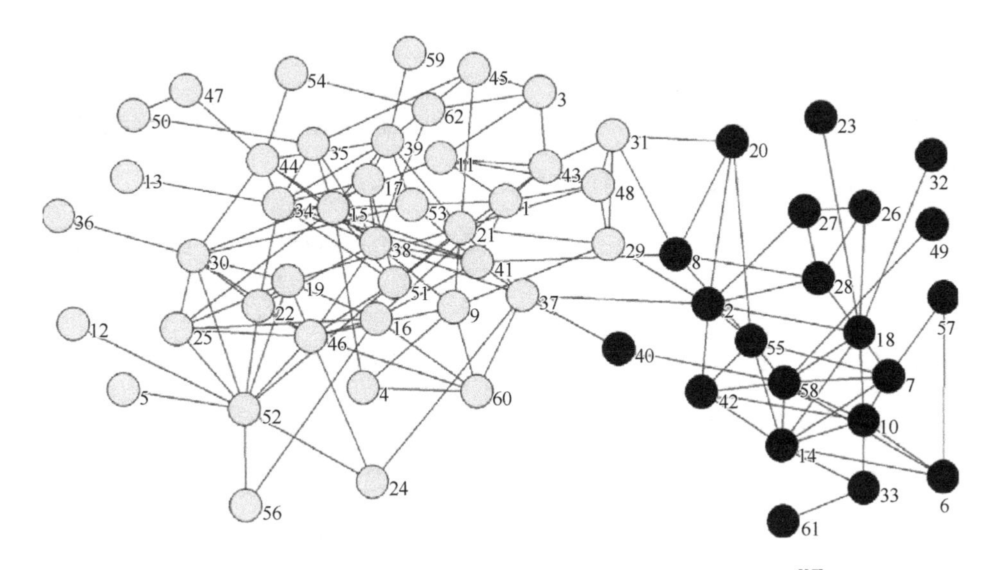

图 8.48　由 8.4.2 节中的算法探测到的海豚社交网络社团结构[37]

通过应用 8.4.2 节中的算法，确认了两个领导者（节点 15 和节点 14）。因此，该网络中存在两个社团，分别由节点 15 和节点 14 领导。基于 8.4.3 节中的算法，还可以表示分别属于这两个领导者节点的隶属度。根据隶属度向量，可以识别社团结构，如图 8.49 所示。该划分与 8.4.2 节中算法给出的结果相同，因此两种算法都具有近乎完美的探测结果，此时 NMI = 0.889。

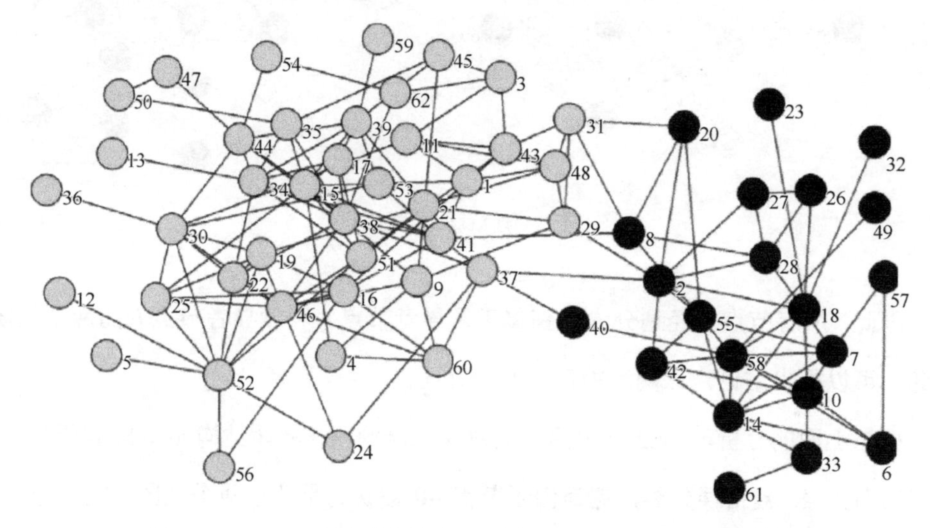

图 8.49 由 8.4.3 节中的算法探测到的海豚社交网络社团结构[37]

3. 美国政治书籍网络

在 2004 年美国总统大选期间出版并由在线书商 Amazon.com 出售的关于美国政治的书籍网络由 V. Krebs[41]编辑，如图 8.50 所示。它包含 105 本书（节点）和 441 条边，同一买家频繁共同购买的书籍之间有连边。节点已分为三组，表明它们是“自由”、“中性”和“保守”。

为了分析该网络，应用 8.4.2 节中的算法，节点的影响力由式（8.27）描述，其中，$\alpha_1 = 1$，当 $n>1$ 时 $\alpha_n = 0$。通过交替应用 8.4.2 节中的两个主要部分获得领导者（节点 5、9、59、85、105）及其伙伴。因为节点 5 是一个社团的唯一成员，所以将其分配给其最多的邻居所在的社团。因此，节点 5 从该组领导者中剔除，所有节点聚集成四个社团，如图 8.51 所示。NMI 的值是 0.584。

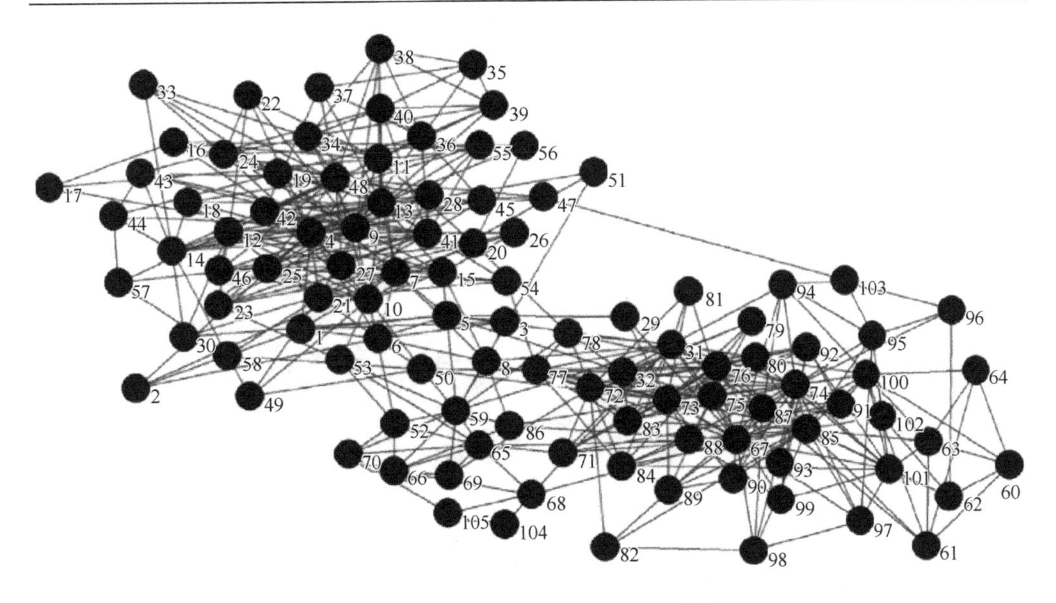

图 8.50　美国政治书籍网络拓扑[37]

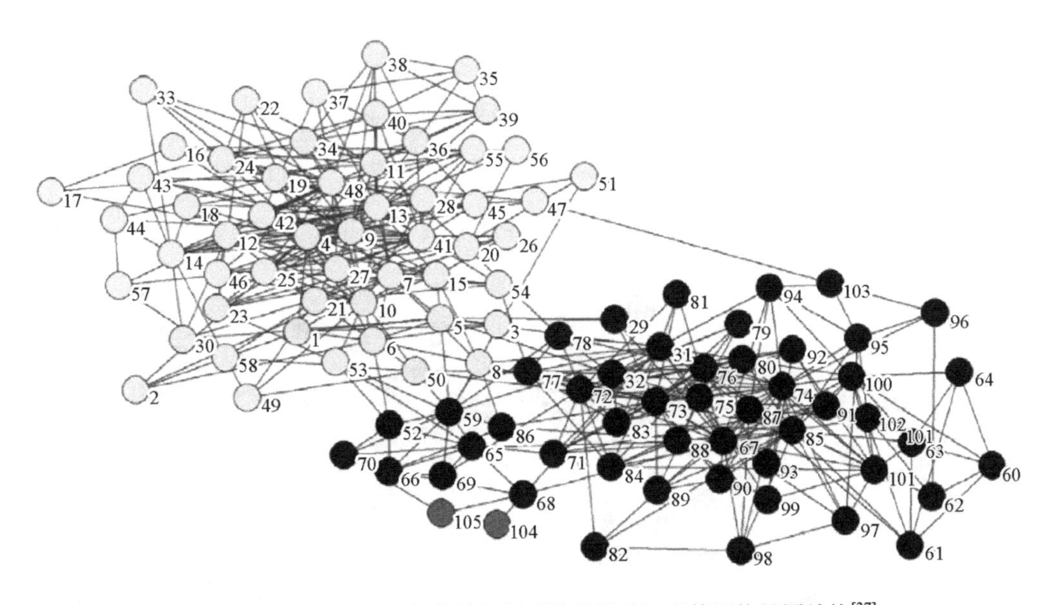

图 8.51　由 8.4.2 节中的算法探测到的美国政治书籍网络社团结构[37]

通过 8.4.2 节中给出的算法确认该网络中存在四个社团，分别由节点 9、59、85、105 领导。使用 8.4.3 节中给出的算法分别表示属于这些领导的节点隶属度，并且可以用于识别社团结构，得到 NMI = 0.560，结果如图 8.52 所示。

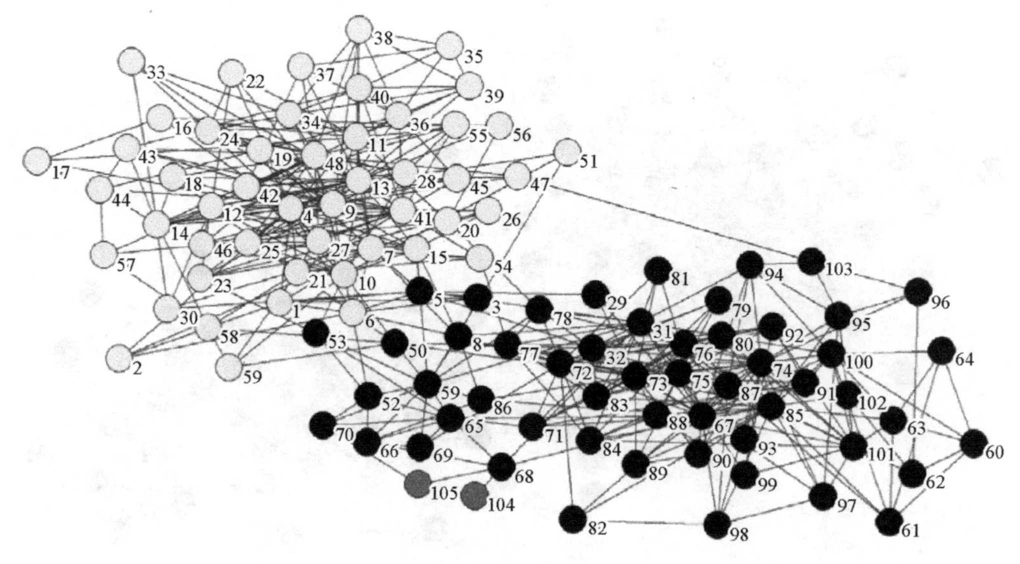

图 8.52 由 8.4.3 节中的算法探测到的美国政治书籍网络社团结构[37]

4. 大学足球网络

在本小节中测试的网络代表了 2000 年赛季的第一赛区比赛[11]。图 8.53 中所示的该网络由 115 个球队（节点）和 613 条边组成。网络中的节点代表球队，节点之间的边代表他们一起进行的常规赛，并且网络分为 12 个联盟，对应 12 个社团。

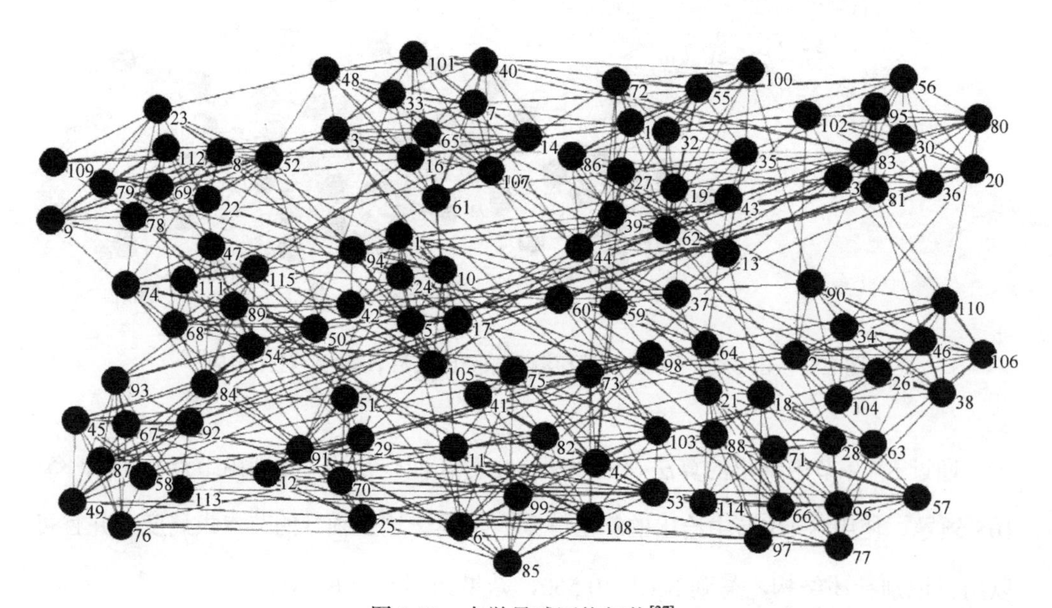

图 8.53 大学足球网络拓扑[37]

应用 8.4.2 节中的算法分析网络，节点的影响力由式（8.27）描述，其中，$\alpha_1 = 1$，当 $n>1$ 时 $\alpha_n = 0$。通过交替应用 8.4.2 节中的两个主要部分可得到领导者（节点 2、3、4、8、36、37、49、59、62、63、68、70、98、105）及其伙伴。然后将孤立节点 37、98 分配给覆盖它们大多数邻居的社团。因此，节点 37、98 从该组领导者中剔除，并且所有节点被聚类成 NMI = 0.910 的 12 个社团，如图 8.54 所示。

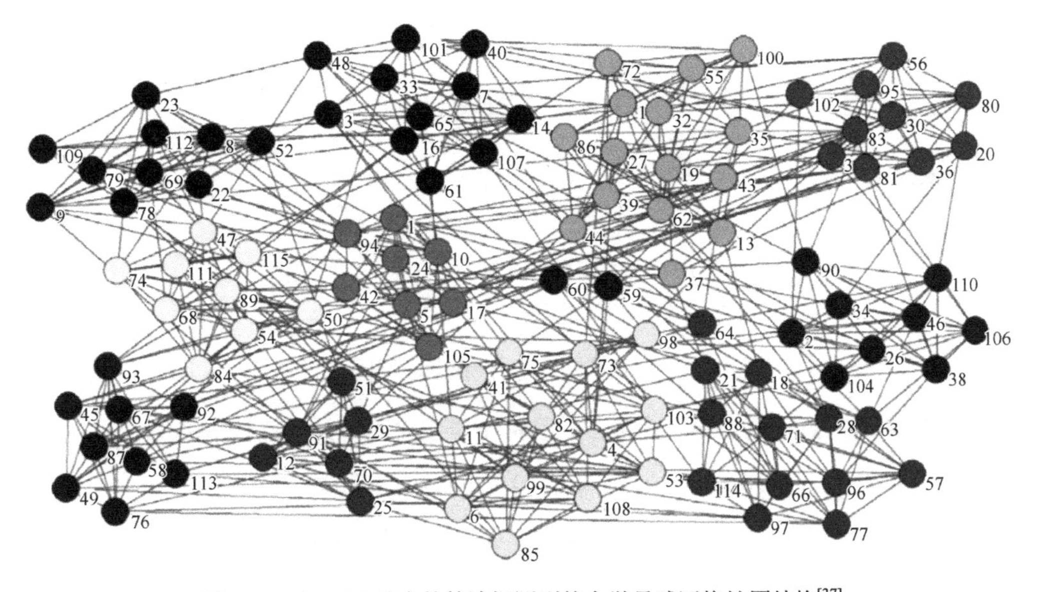

图 8.54　由 8.4.2 节中的算法探测到的大学足球网络社团结构[37]

通过应用 8.4.2 节中的算法可知，网络中存在 12 个社团，分别由节点 2、3、4、8、36、49、59、62、63、68、70、105 领导。通过 8.4.3 节中的算法计算属于这些领导者节点的节点隶属，并细化社团结构，此时 NMI = 0.924，如图 8.55 所示。网络中除了少数节点，大多数节点都被正确分类，因为这些团队与其他联盟中的球队的比赛几乎与他们在自己的联盟中一样频繁。因此，这两种算法都可以产生相当好的划分。

5. 计算机生成网络

计算机生成网络，其中内置的社团结构可以任意设计，通常用于测试算法的性能。其中，最受欢迎的是基于植入式 l- 划分模型的网络。在该模型中具有 $N=gl$ 个节

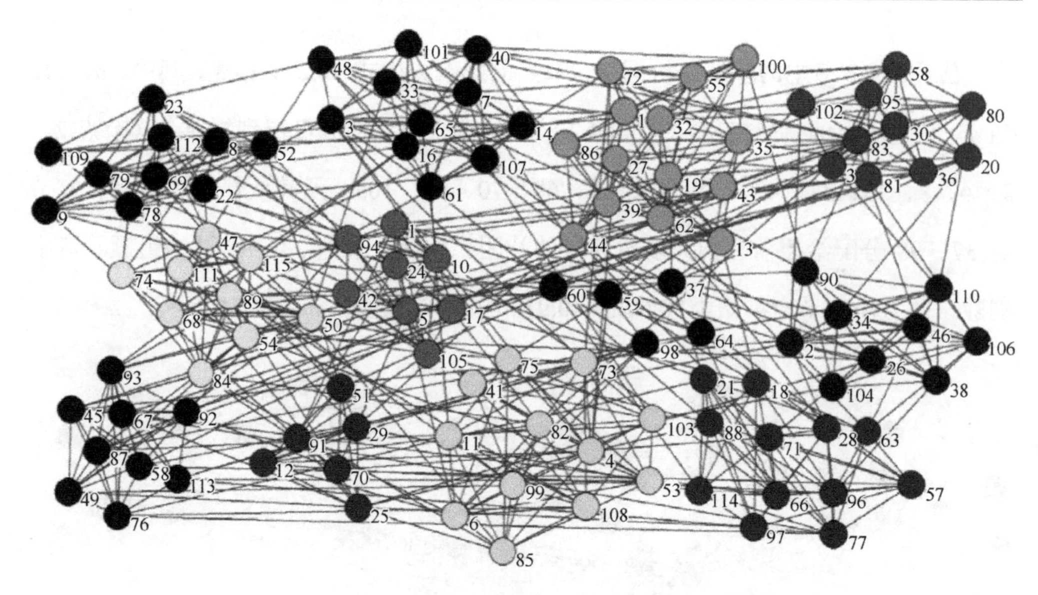

图 8.55 由 8.4.3 节中的算法探测到的大学足球网络社团结构[37]

点的网络划分为 l 个社团，每个社团具有 g 个节点。相同社团的节点以概率 p_{in} 连接，而不同社团的节点以概率 p_{out} 连接，并且每个子图对应于具有连接概率 p_{in} 的 ER 随机网络。$p_{\text{in}}-p_{\text{out}}$ 的差异越大，它所拥有的社团结构就越明显。

典型的计算机生成网络中，$l=4$ 和 $g=32$，由 Girvan 和 Newman 给出[11]，其中，$p_{\text{in}}+3p_{\text{out}}=0.5$。在计算中，它分别用节点的内部度和外部度 $z_{\text{in}}=p_{\text{in}}(g-1)=31p_{\text{in}}$ 和 $z_{\text{out}}=p_{\text{out}}g(l-1)=96p_{\text{out}}$ 表示。具有良好性能的算法应该能够正确划分 $z_{\text{in}}=15$ 的网络社团。然而，随着 z_{in} 从 15 开始减少，社团结构逐渐变弱，网络对社团探测算法提出了更大的挑战[42]。当 z_{in} 减小到 11 时，如图 8.56 所示，计算机生成网络中的社团结构非常弱，因此对社团探测算法提出了极其严峻的挑战。几种典型的算法（如 GN 算法[11]）无法有效地探测此时的社团结构。然而，从动力学的角度出发，本小节中的算法即使在这种情况下也能表现出优越的性能。

将 8.4.2 节中给出的社团探测方法应用于上述网络，可以找到并确认四个领导者（节点 88、15、35、115）。因此，该网络中存在四个社团，社团探测的结果如图 8.57 所示。结果表明，由于随机波动，除节点 124 是社团 1 和 4 的重叠，几乎所有节点都被分配到正确的社团中。

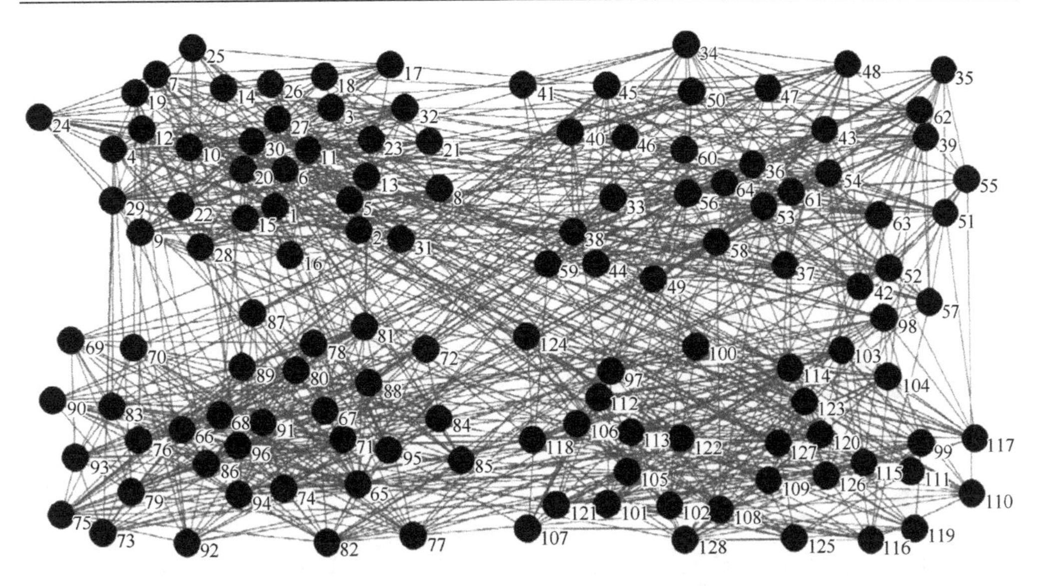

图 8.56　计算机生成网络（$z_{\text{in}}=11$）[37]

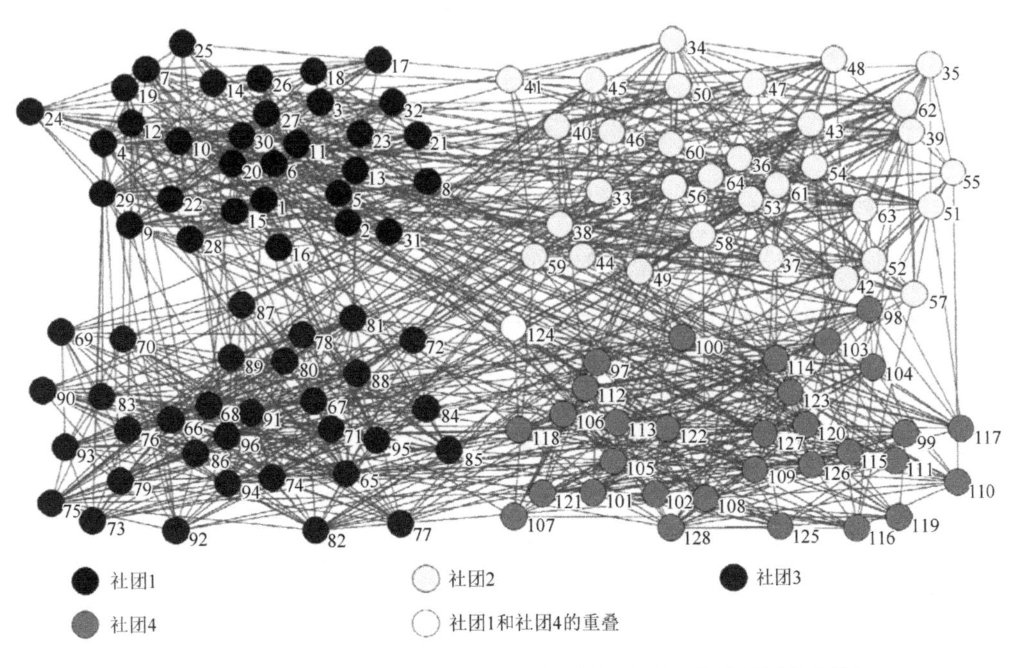

图 8.57　由 8.4.2 节中的算法探测到的计算机生成网络的社团结构[37]

然后通过 8.4.3 节中给出的算法分析网络。由于 8.4.2 节中的算法在计算机生成的网络中识别出四个领导者（节点 88、15、35、115），可根据一致性动力学和差异系数进一步计算属于这些领导者节点的隶属度。以这种方式探测到的社团结构如

图 8.58 所示，所有节点都被完美地分配到正确社团中，其 NMI = 1。并且 8.4.3 节中给出的算法有效地消除了重叠节点 124 的模糊性。

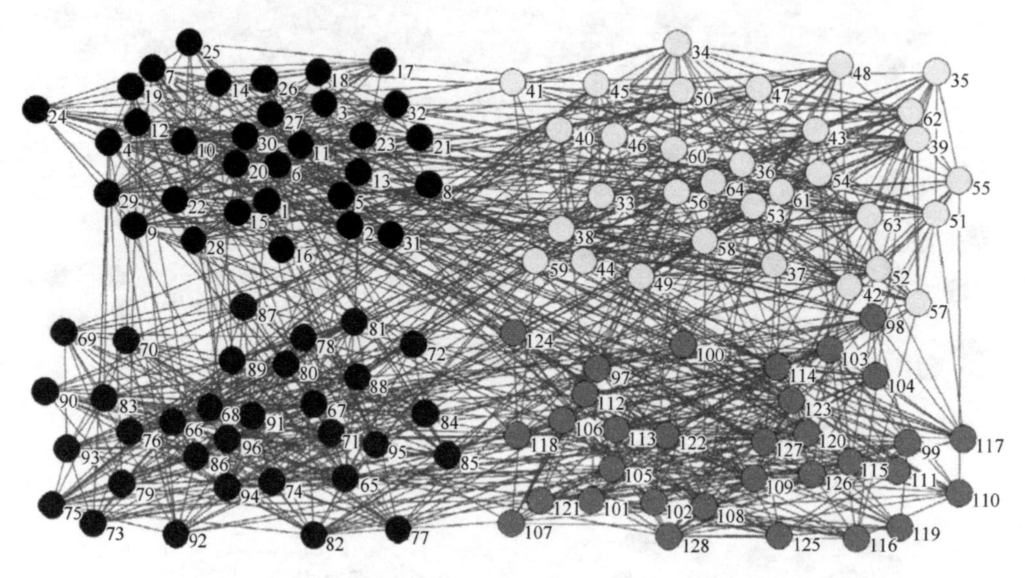

图 8.58 由 8.4.3 节中的算法探测到的计算机生成网络的社团结构[37]

上述测试结果表明了该算法的有效性和可靠性，与 8.4.2 节中给出的第一种算法相比，在数值上揭示网络中节点隶属度的能力使得 8.4.3 节中给出的第二种算法具有竞争优势，因为后者可以准确地确定每个节点所属的唯一社团。

8.5 小 结

本章主要介绍了群体系统的协调控制理论在网络社团结构探测中的应用。8.2 节建立了复杂网络中社团结构与一致性动力学之间的联系，分析了达到一致的动态过程，发现如果存在清晰的社团结构，那么对应于明确定义的社团的那些紧密相连的节点集将在不同的时间尺度出现。通过观察与拓扑和一致性动力学相关联的两个不同的动态矩阵来提取关于网络社团结构的信息，表明了一致过程被用来发现给定网络层次结构的作用。在此基础上，介绍了两种探测社团结构尺度的算法。最后通过对几个基准网络的仿真验证了该方法的可靠性。8.3 节介绍了一种基于一致性动力学和空间变换的聚类算法用于社团探测，通过扩散模型建立了社团结构和一致性动力学之间的联系。压力分布向量表示一个节点对整个网络的影响，两个压力分布向量之间的欧氏距离反映了对应节点之间的相似性。因此，用 k-近邻法定义节点间的相似性测度，然后合并高度相似的节点组，通过对几个基准网络的测试，验证了算法的有效性和可靠性。8.4 节介绍了两种基于一致性动力学和领导者选择的网络社团探测算法，无须借助模块度，第一种算法首先寻找具有影响力的领导者节点，然后根据一致性动力学与差异系数将节点分配到他们所属的领导者节点的社团中，通过交替上述两个过程来揭示社团结构，社团的相应领导者节点可以被自然地进行确定。第二种算法是根据领导跟随模型和隶属度向量对第一种算法的扩展，给定用第一种算法找到的领导者节点，第二算法能够定量地揭示所有节点的隶属，对几个基准网络进行测试，结果表明了该算法的有效性和可靠性。例如，在 Zachary 空手道俱乐部网络和计算机生成网络中，第二种算法对相应网络的节点进行的划分正确率为100%；在大学足球网络中，两种算法探测到的社团结构都非常准确，第二种算法甚至表现出比第一种算法更好的性能，因为 NMI 值从 0.910 提高到 0.924，约增加了1.54%。本章主要结果详见作者发表的相关论文[24, 33, 37]。

参 考 文 献

[1] STROGATZ S H. Exploring complex networks[J]. Nature，2001，410（6825）：268-276.

[2] NEWMAN M，Barabasi A L，Watts D J. The structure and dynamics of networks[M]. Princeton：Princeton University Press，2006.

[3] LIU Y-Y，SLOTINE J-J，BARABASI A L. Controllability of complex networks[J]. Nature，2011，473（7346）：167.

[4] ALBERT R，BARABASI A L. Statistical mechanics of complex networks[J]. Reviews of Modern Physics，2002，74：47-97.

[5] ALBERT R，JEONG H，Barabasi A L. Internet：Diameter of the World-Wide Web[J]. Nature，1999，401（6）：130.

[6] SPORNS O. Network analysis，complexity，and brain function[J]. Complexity，2002，8（1）：56-60.

[7] SCOTT J. Social network analysis：A handbook[M]. Los Angeles：Sage Publications，2000.

[8] WILLIAMS R J，MARTINEZ N D. Simple rules yield complex food webs[J]. Nature，2000，404（6774）：180-183.

[9] NEWMAN M E J. The structure and function of complex networks[J]. SIAM Review，2003，45（2）：167-256.

[10] FLAKE G W，LAWRENCE S，Giles C L. Self-organization and identification of Web communities[J]. Computer，2002，35（3）：66-70.

[11] GIRVAN M，NEWMAN M E J. Community structure in social and biological networks[J]. Proceedings of the National Academy of Sciences of the United States of America，2002，99（12）：7821-7826.

[12] ADAMIC L A，Adar E. Friends and neighbors on the web[J]. Social Networks，2003，25（3）：211-230.

[13] POTHEN A. Graph partitioning algorithms with applications to scientific computing[M]. Dordrecht：Springer Netherlands，1997.

[14] MITROVIC M，BOSILJKA T. Spectral and dynamical properties in classes of sparse networks with mesoscopic inhomogeneities[J]. Physical Review E，2009，80（2）：026123.

[15] NEWMAN M E J. Fast algorithm for detecting community structure in networks[J]. Physical Review E，2004，69（6）：066133.

[16] DU H，FELDMAN M W，LI S. An algorithm for detecting community structure of social networks based on prior knowledge and modularity[J]. Complexity，2007，12（3）：53-60.

[17] HASTIE T，TIBSHIRANI R，FRIEDMAN J. The elements of statistical learning[M]. New York：Springer-Verlag，2009.

[18] REICHARDT J，BORNHOLDT S. Detecting fuzzy community structures in complex networks with a Potts model[J]. Physical Review Letters，2004，93（21）：218701.

[19] WEISS G H. Random walks and random environments，volume 1：Random walks[J]. Journal of Statistical Physics，1996，82（5）：1675-1677.

[20] ARENAS A，DIAZ-GUILERA A，PEREZ-VICENTE C J. Synchronization reveals topological scales in complex networks[J]. Physical Review Letters，2006，96（11）：114102.

[21] FORTUNATO S. Community detection in graphs[J]. Physics Reports-Review Section of Physics Letters，2010，486（3-5）：75-174.

[22] CHEN Y，UUML J，HAN F. On the cluster consensus of discrete-time multi-agent systems[J]. Systems & Control Letters，2011，60（7）：517-523.

[23] OLFATI-SABER R，MURRAY R M. Consensus problems in networks of agents with switching topology and time-delays[J]. IEEE Transactions on Automatic Control，2004，49（9）：1520-1533.

[24] HE H，YANG B，HU X. Exploring community structure in networks by consensus dynamics[J]. Physica A：Statistical Mechanics and its Applications，2016，450：342-353.

[25] CONDON A，KARP R M. Algorithms for graph partitioning on the planted partition model[J]. Random Structures & Algorithms，2001，18（2）：116-140.

[26] RAVASZ E，BARABASI A L. Hierarchical organization in complex networks[J]. Physical Review E，2003，67（2）：026112.

[27] ARENAS A，DIAZ-GUILERA A，PEREZ-VICENTE C J. Synchronization processes in complex networks[J]. Physica D：Nonlinear Phenomena，2006，224（1-2）：27-34.

[28] ZACHARY W W. An information flow model for conflict and fission in small groups[J]. Journal of Anthropological Research，1977，33（4）：452-473.

[29] WONG M A，LANE T. A kth nearest neighbour clustering procedure[J]. Journal of the Royal Statistical Society，1981，45（3）：262-368.

[30] NEWMAN M E J，GIRVAN M. Finding and evaluating community structure in networks[J]. Physical Review E，2004，69（2）：026133.

[31] OLFATI-SABER R，FAX J A，MURRAY R M. Consensus and cooperation in networked multi-agent systems[J]. Proceedings of the IEEE，2007，95（1）：215-233.

[32] CHEN Y，HO D W C，LU J. Convergence rate for discrete-time multiagent systems with time-varying delays and general coupling coefficients[J]. IEEE Transactions on Neural Networks and Learning Systems，2016，27（1）：178-189.

[33] YANG B，HE H，HU X. Detecting community structure in networks via consensus dynamics and spatial transformation[J]. Physica A：Statistical Mechanics and its Applications，2017，483：156-170.

[34] LUSSEAU D. The emergent properties of a dolphin social network[J]. Proceedings of the Royal Society B-Biological Sciences，2003，270（2）：186-188.

[35] NEWMAN M E J. Finding community structure in networks using the eigenvectors of matrices[J]. Physical Review E，2006，74（3）：036104.

[36] CLAUSET A. Finding local community structure in networks[J]. Physical Review E，2005，72（2）：254-271.

[37] YANG B，LI X，LIU X，He H，CHEN W. Alternating between consensus and leader selection reveals community structure in networks[J]. Physica A：Statistical Mechanics and its Applications，2019，515：693-706.

[38] YANG B，FANG H. Forced consensus in networks of double integrator systems with delayed input[J]. Automatica，2010，46（3）：629-632.

[39] NEWMAN M E J. Modularity and community structure in networks[J]. Proceedings of the National Academy of Sciences of the United States of America，2006，103（23）：8577-8582.

[40] VINH N X，EPPS J，BAILEY J. Information theoretic measures for clusterings comparison：variants，properties，normalization and correction for chance[J]. Journal of Machine Learning Research，2010，11：2837-2854.

[41] SOUAM F，AITELHADJ A，BABA-ALI R. Dual modularity optimization for detecting overlapping communities in bipartite networks[J]. Knowledge and Information Systems，2014，40（2）：455-488.

[42] FORTUNATO S，HRIC D. Community detection in networks：A user guide[J]. Physics Reports-Review Section of Physics Letters，2016，659：1-44.